薄膜

接近原子的超細微・超高密度世界

瑞昇文化

著者介紹

麻蒔立男

1934年生於日本愛知縣。1957年畢業於靜岡大學工學部電子工學科，隨即進入日本電氣有限公司（日本電気株式会社）任職，從1967年起轉職到日電バリアン（即現在的Canon ANELVA Corporation)。1990年至2010年擔任東京理科大學教授及客座教授。日本真空協會個人理事。工學博士。著作有『真空的世界（第2版）』〔原文：『真空のはなし（第2版）』〕、『薄膜製成的基礎（第4版）』〔原文：『薄膜作成の基礎（第4版）』〕、『超微細加工基礎（第2版）』〔原文：『超微細加工の基礎（第2版）』〕、『簡易電氣磁氣學』〔原文：『やさしい電気磁気学』〕、『徹底瞭解薄膜』〔原文：『トコトンやさしい薄膜の本』〕、『徹底瞭解超微細加工』〔原文：『トコトンやさしい超微細加工の本』〕、『徹底瞭解薄膜』（日刊工業報社）〔原文：『トコトンやさしい薄膜の本』（日刊工業新聞社）〕等書。

前言

世界上許多絕妙的點子都是來自於所謂“三上”的地方。馬上、床上、廁所上。

一腳踏進電車時突然想到的「啊！」、一覺醒來睜開眼瞬間體悟的「是這樣阿」、蹲廁所時忽然弄懂的「啊～原來如此」。應該很多人有過這樣類似的經驗吧。如果不立刻記錄下來馬上就會忘記也是這種狀況的特徵。

能夠忽然想到好點子，最重要的就是必須時時刻刻把這個主題放在心裡，讓腦袋瓜裡裝滿這個主題。這個題目，必須是自己非常喜歡，而且是無法從生活中割捨的題目，如果可以在這個主題上有所發揮，就像是站在跳馬台上一般驕傲。正所謂，知之者不如好之者，好之者不如樂之者，因性好之而樂在其中，久而久之自成行家。

在腦袋中裝滿「薄膜」的人應該不在少數。他們夜以繼日深入研究，並在學會及集會交流與發表論文。製作薄膜的人、使用的人、利用薄膜創造事業的人，幾乎多到無法計算。

本書是從這些研究前輩們留下的科學技術中所匯集出來的基礎知識。想要更深入研究或瞭解的讀者，可以透過短篇末的參考書籍及參考文獻，以及本書的參考文獻等，進而更加提升自己的技術。

另外，從筆者的經驗中，某些難以瞭解的部份以週遭的事件或假設的範例說明，這些是為了要幫助讀者瞭解內容，有些和物理現象呈現的狀態並非一致，請在這樣的前提下閱讀本書。

最後，整理本書之時，受到各界先進們懇切的指導與協助，獲得許多貴重的資料，能夠完成這本拙著，在此對這些前輩們獻上感謝之意。

麻蒔立男

「薄膜」目錄

最近的半導體在箭頭位置都採用CMP方式堆疊。總厚度不超過1㎜。

薄膜與真空賦予你魔法的力量

不管是哪裡的家庭每天都要使用的保溫瓶。明明沒有加熱器，熱水卻不會冷卻。到底保溫瓶裡藏有什麼樣的秘訣呢？

試著敲碎保溫瓶的話，「碰」的一聲，玻璃的內側會顯現出亮晶晶的光芒。這個亮晶晶光芒的地方附著著銀的薄膜，它會將從熱水出來的熱線反射出去後，又再度使其返回到熱水中。這是因為遮擋了「輻射熱」的傳遞所引起。碰的這個聲響，則是由於內部變成真空才引發出來的。真空是為了防止「因熱空氣引起傳導」。使用玻璃的原因就是因為它是不易導熱的材料。因此，保溫瓶的魔法，便從「薄膜」、「真空」以及「材料」當中產生了。

薄膜，並非僅是保溫瓶。它模擬人類的五感，利用具有記憶和運算能力都比人類還要卓越傑出的積體電路（IC），來製造人工頭腦。也許不久後，會誕生具有創造能力的人工頭腦。

上一頁的圖片是最近IC的橫切面電子顯微鏡拍攝相片。首先在最下層製作超微細的電晶體或電容器等聚集群。在它的上方製作數層線路，使它能具有運算、記憶、資料處理等能力。這個多層構造，驅使薄膜技術製程的研究開發與進步。

最下層的電晶體或電容器，都是利用了所有的技術製作的。在它的上方製作第1層的配線線路。如此一來，在它的表面上能夠形成不少凹凸。假如就這樣直接進行多層化製作步驟的話，凹凸情況會越趨嚴重，最終導致多層化本身變得困難。這時，運用一種稱作CMP的技術把它變得平坦，接著再製作下一階層，多層結構的配線線路便能夠順利完成。即便製作如此多層，它的全部厚度也還不到1mm。這是因為各層的厚度都僅有千分之數mm左右而已。

登場人物介紹

★ 基礎知識蛙，蹦太蛙

本系列的主要人物。喜歡製作東西，對任何事物都有興趣。期望自己能有一天製造出劃時代的產品。

★ 導覽人物

孔帝斯　雷吉斯　戴歐尼安　拉吉斯

我們是「薄膜四公子」。雖然總是嘰哩呱啦講個不停，但四個人只要攜手合作，可以開拓相當了不起的未來。

優質的生活來自美與細微之處

世界上出色東西，
似乎由圓滑素材（超微粒子）產出的物品較多。
而製作便利回路的薄膜，則是利用物質最小單位的原子作為素材，
藉以創造出對社會有益處的系統的技術。

001

創造極致美的顏料們
用美的感覺塗繪微粉末

世界的第一美女（？），「訴說吧，蒙娜麗莎微笑的謎」中所歌頌的「蒙娜麗莎」，是義大利的藝術家李奧納多・達文西（Leonardo da Vinci）所創造的美的極致。繪畫，是將色彩巧妙的重組後呈現出來的藝術恩賜。這些色彩的原始狀態是一種稱之為「顏料」的著色劑。本書主題的「薄膜」，則是創造支撐我們現在生活中的電氣品、電子零件、電子系統等的“本源”。

在校園中繪圖時是使用顏料混合後的畫具，但此顏料是水、酒精、油脂等用溶劑無法溶解的特殊物質。無論是有機物質還是無機物質都被使用在顏料上。畫具、墨水、化妝品等，是微粒子（微粉末）化的顏料和聚合油脂、樹脂、橡皮類、有機溶媒等混合後製成。對顏料來說最重要的是，能成為使用者所期望的顏色（深色、淺色、鮮豔色），並且能持久而不褪色。濃艷的色彩，常常透過調配那個色系顏料的微小粒子便能實現。不僅是藝術領域，彩色電視機等也為了製造出鮮豔色彩，在濾色片的研究上亦根據顏料的微粒子化逐漸進步。現在微細化程度已經可以達到10nm（奈米）左右[參1]。另一方面，本書重點的薄膜，是將材料分解成原子（0.3nm程度：nm是100萬分的1㎜）或分子般大小，作為製造薄膜的基本元素。

附帶一提，孩提時期不是有如圖2般用蠟筆塗了數層後，再用「竹籤」等尖銳器具把蠟筆塗抹處刮除來完成畫作的這種刮漆畫法嗎？薄膜在製作回路（薄膜製品）時也使用相同的方式。製作薄膜，如同是在圖2的④的上方，將圖案繪製好後，在不傷害到下層圖案的狀況下小心的刮除上層。並將這樣的步驟重複100次以上。

●提供名畫色彩的基本物質是顏料
●為了要使色彩鮮豔濃郁，必須要將顏料微粒子化

圖1 李奧納多・達文西（Leonardo da Vinci）的名畫「蒙娜麗莎」

1503～1505年間
（巴黎，羅浮宮美術館
musée du Louvre）

圖2 刮漆畫法

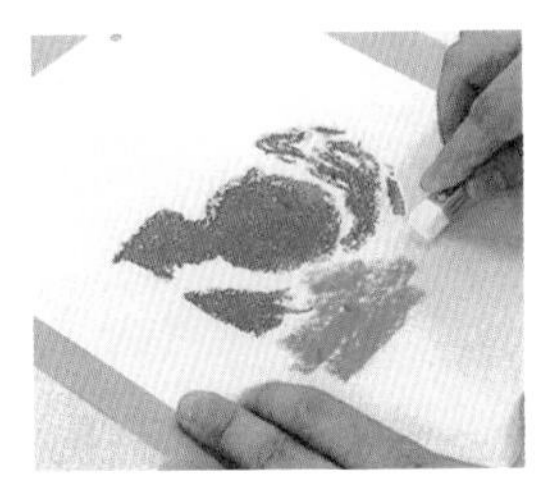

①將亮色系顏料仔細塗在畫紙上。要使畫紙的白色部分都被遮蓋一般地仔細塗上顏色。

②在亮色系上用黑色或咖啡色等暗深色系再次塗上。

③要使第一層的顏色完全看不到為止，仔細的上色。

④在第兩層上用竹籤筆等尖銳工具將Craypas蠟筆用刮除的方式描繪圖案。上層的顏色被刮去後，下層明亮的色彩就會逐漸顯現出來。

「Craypas」是櫻花文化用品有限公司（株式會社サクラクレパス）的註冊商標。（提供：櫻花文化用品有限公司）

用語解說

顏料範例
白：碳酸鈣（微生物的化石堆積物）、蛋、貝殼等
紅：朱砂（紅色硫化水銀）、西洋茜（Rubia tinctorum，植物）
藍：銅酞菁（Phthalocyanine，有機物）
黃：石黃（砒素化合物：天然的黃色顏料）、鈦黃（Titan yellow，TiO_2・NiO・Sb_2O_5正方晶）
等同於薄膜類別的銅、鋁（導電材）、石英（絕緣材）、鐵・鎳（磁性材）等
現在已經使用超過100種以上的材料製作

002

用相片製造大量的相同畫作

彩色相片及數位相機

真正的「蒙娜麗莎」在世界上僅有一幅。然而利用薄膜的電子零件和系統，可以製造出幾百萬、幾千萬個相同規格的產品。比方說，相片技術的應用。根據許多人的研究，使用彩色底片的照相技術，可謂為是20世紀中極大的進步（參3）。

要拍出精巧細緻的照片，便要使用高性能的照相機和高畫質底片。如圖1所示，現在的底片都是由超過10層以上的多層膜組成，在每一層所使用的銀鹽結晶體微細大小，可說是決定其品質的關鍵。圖2便是一例。可以說這樣的研究支撐了彩色底片的進步（參3）。再者，薄膜技術的極限粒子，是成為0.1nm大小左右的物質最小單位的原子、分子大小程度的粒子。

而且，近年數位相機使用薄膜（光學領域中多稱為「鍍膜」）的比例極高。圖3是數位相機的示意圖。鏡片因單面光反射約4%，雙面光反射約8%，可說光穿透的量大幅減少。鏡片若裝有8片，穿透進來的光線將有一半左右被反射，受光量僅剩一半。為防止這種狀況，便需採用防止光反射的薄膜。稍微從傾斜方向來看鏡片，鏡面上映照出漂亮的顏色便是因這個緣故，這也是添加了反射防止膜的證據（在眼鏡領域裡稱為「多層鍍膜」）。使用這樣的薄膜，目標物的光線幾乎都會傳遞到受光部。穿過鏡片的影像，會將拍攝的影像分子透過高解析度的CCD影像感應，而把映像轉換成電氣信號（參4）。這個CCD本身也是利用薄膜技術積層數十次後的薄膜積聚回路。執行高畫質畫像處理的引擎（圖3的佳能產品稱為是映像引擎），比CCD積層的薄膜更多，多數是使用重複薄膜積層100次以上而製成的半導體分子。僅按一次快門就能捕捉到精彩影像的數位相機，就是使用這樣的技術而日漸進步的。

- 大量製作相同東西是應用照相的技術
- 在利用極微小粒子記錄影像的相片領域中，薄膜也廣泛被使用

圖1 彩色底片是超過10層以上的多層膜

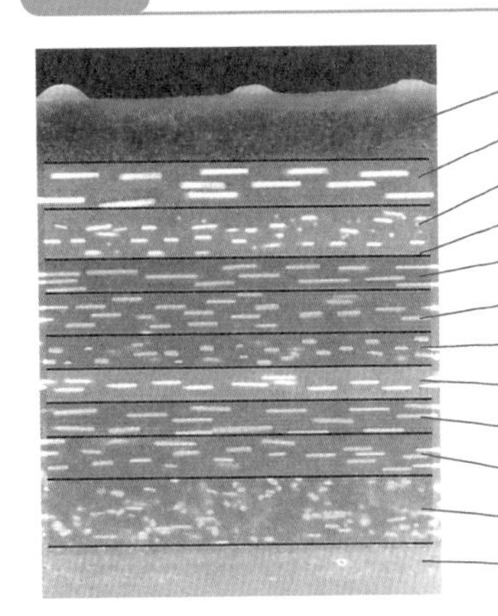

圖2 1993～2003年的相片粒子微細化演變

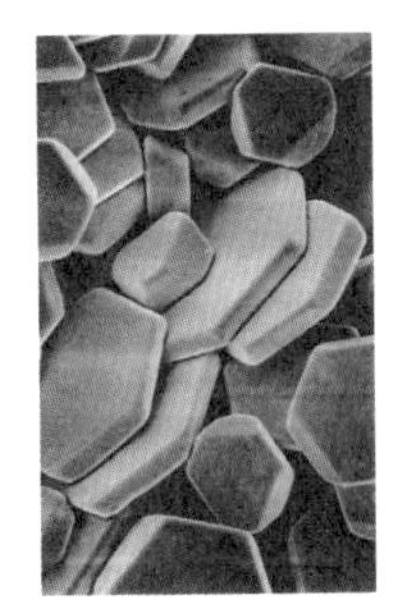

Super G 800
(1993)

Zoom Master 800
(2000)

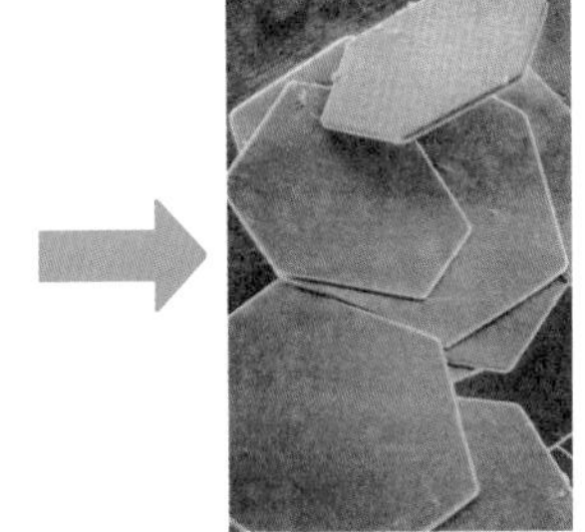

Venus 800
(2003)

圖3 數位相機的示意圖

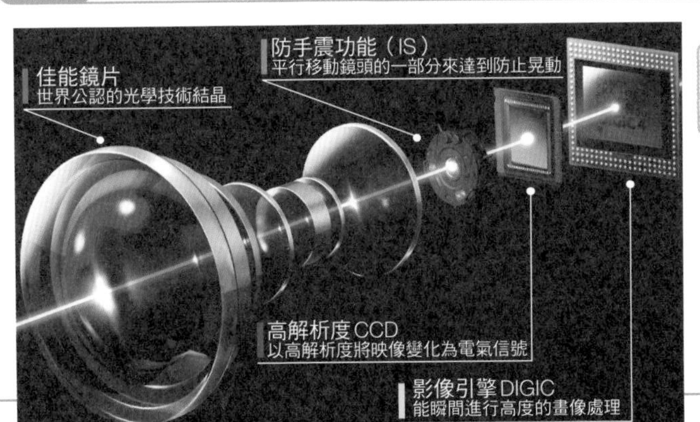

DIGIC（一般是畫像引擎）以薄膜產品較活躍受歡迎

提供：
佳能股份有限公司
（Canon ANELVA Corporation）

機器人也透過使用薄膜技術而進化
用薄膜零組件和電腦達到精密控制

從東京都中心部的JR飯田橋車站的剪票口出來後，右轉的左手邊會看見東京理科大學的入學中心櫃檯，走進櫃檯後，會有位美麗的女性掛著微笑迎接你。他說，「希望可以在像博物館這種地方擔任櫃檯工作。」。他會說一些簡單的問候語，約瞭解300個單字，能夠做出700種回應。也可以為我們逐一介紹每間研究室。這位名叫「SAYA」（這是馬來西亞語中的「我」）的機器人小姐目前正逐漸進步中。他也可以做出如楚楚可憐般傾斜擺動脖子等各式各樣的表情（圖1）。

假如腰或膝蓋疼痛、先天性的雙腳不便、或是需要每天上下搬移重物的工作等， 若遇到這樣的時刻，難道沒有可以輔助我們的產品嗎？自行背負高爾夫球具的時候，若有一個可以幫我們背負球具的機器人，該有多好。實現這種希望的「人體機械強化裝備®」（Mascle Suits：東京理科大學工學部・小林研究室開發）正是相當傑出的點子（圖2）。

某些汽車工廠有從事焊接的機器人；也有負責把IC片嵌入基板的機器人；亦有在國際宇宙站工作的機器人等等。我們到處可以聽到機器人在各領域活躍的消息。在這樣充滿機器人的世界中，薄膜也大量被應用在機器人生產上。

若舉一個應用在機器人零件上的例子，圖3是用薄膜製作的可變電阻阻抗，根據在端子處施加電壓的V_0和P點的位置所顯現出的V_P，可以計算出移動的距離。同樣的，圖4可以透過V_r計算出回轉角度。其他包括處理各種感應器傳來信號的電腦，都是應用了由薄膜製成的半導體IC集合體。

機器人越來越貼近我們的生活。這些使用了薄膜技術製造出來的機器人，運用它們的人工頭腦，判斷感應器傳來的信號，並確實執行動作。這樣的系統將憑著薄膜技術的演進，在今後持續進步下去。

- 機器人逐漸在人類生活中佔有不可或缺的地位
- 在機器人的各個部份，薄膜直接、間接的活躍起來

圖1 機器人小姐SAYA

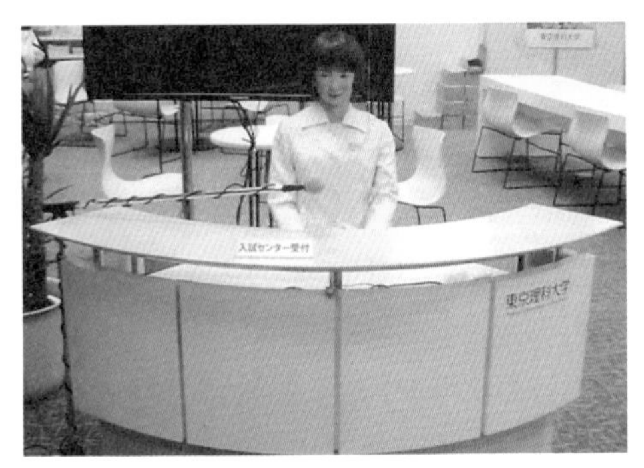

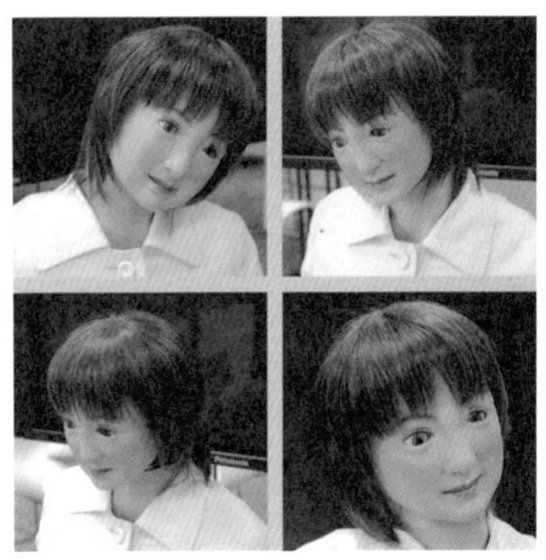

提供：東京理科大學工學部　小林研究室

圖2 人體機械強化裝備®

可輕鬆的提起重物。

提供：東京理科大學工學部　小林研究室

圖3 測量移動的分壓電位計

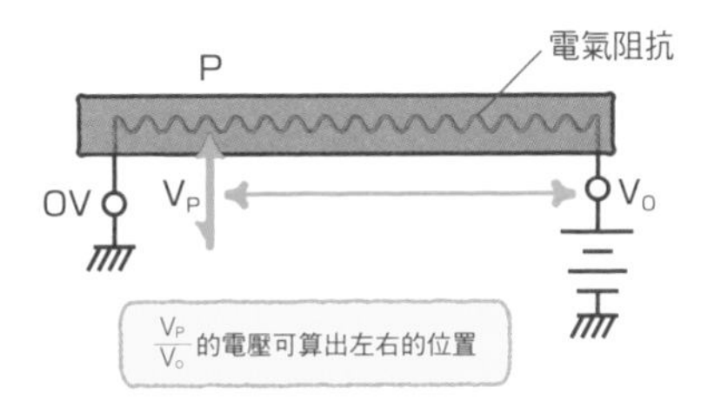

圖4 測量回轉的分壓電位計

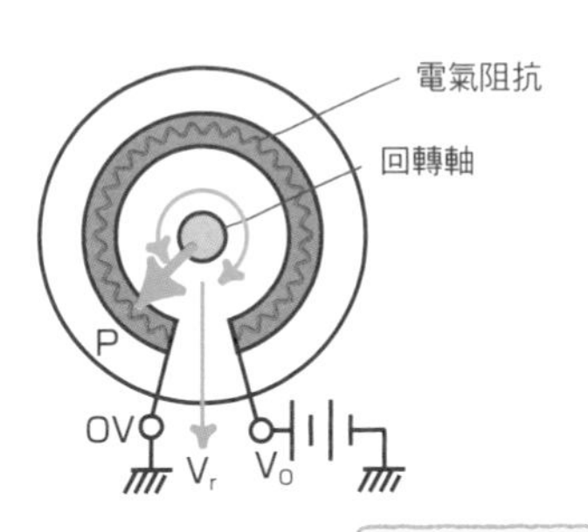

$\frac{V_r}{V_O}$的電壓可計算出回轉角度

004 製作五感
視・聽・嗅・味・觸覺

薄膜的最大優勢，是將物質最小單位的原子和分子視為素材，並利用這些素材重組的東西和系統製作而成。因為是使用世界最小單位的原子和分子組成，因此完成品應該也是非常非常小的。所以，在狹小的地方或小面積處也可以高密度的填入零件。在能夠充分發揮這種特性的前提下，製作與人的“五感”相近東西的研究也逐漸盛行開來。

製作視覺能力的代表例子如（002）中所提到的CCD。CCD是具有和視覺相同功能的產品，它能夠將可視光轉換成電氣信號。至於如何處置（數位相機的影像引擎）、如何使用該電氣信號，則是由人工頭腦（參照005）決定。

能把聲音轉換成電氣信號的則屬麥克風了。根據不同音波，振動板會隨之振動，電容器的容量值亦會產生變化，而隨著端子電壓的變動，便會產生聲音信號。因此，麥克風有許多種方式。

正如同有很多調酒師一般，氣味和口味是相當複雜的。基於這個原因，在這個領域中的研究通常是涉及多方面的範圍及內容。圖2便是其中一例。在非常安定的水晶振動子上裝載能感受到氣味的感應膜，這個感應膜能夠吸附氣味成分來變化質量。從質量變化（共振頻率值的變化）的結果可以檢測出氣味。味覺領域比氣味更加複雜，請參照後附的參考書籍[參5]。

觸覺也是相當複雜的領域，必須從多方面進行研究。圖3是其中一例。按住導電橡膠的一部分後，因內部多數電極的特定電位（電氣阻抗）會產生變化，用感應器可以察覺該狀況而得到表面形狀的信息。這只是其中的一個例子而已。當然，感應器本身以及解析該數據的電腦，都有使用利用薄膜所製作出來的IC晶片[參5]。

●與人類感覺相近的感應器大量使用薄膜
●判斷信號的人工頭腦也是透過薄膜技術來左右其性能

圖1 靜電型麥克風

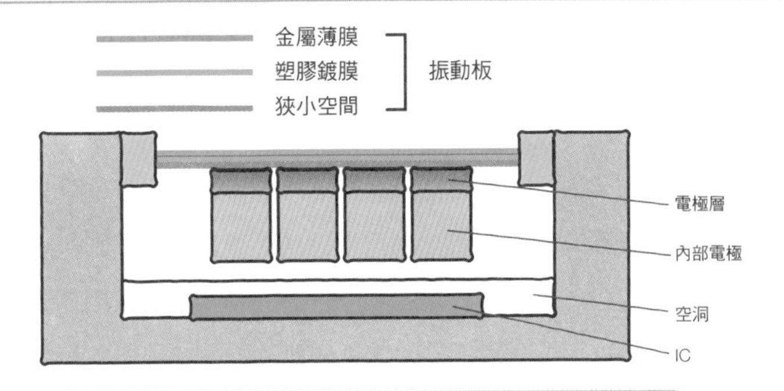

由金屬薄膜和內部電極可組合成電容器。電極間的電極層中，蓄含了一定程度的電荷。電極層，是溶解後的鐵氟龍等物質在高電壓電極間冷卻固化後的產物，其電荷（雙電極子）能夠長時間被保存下來

圖2 氣味感應器

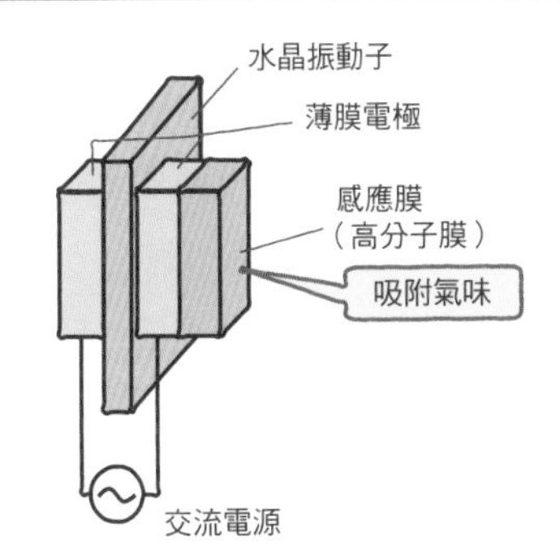

在能使時間穩定的水晶振動子上裝載可吸收特定氣味的高分子膜。此高分子膜在吸著氣味時，電極的質量會產生變化，共振頻率數值也同樣會有變化。一旦氣味消失，數值便會恢復到原始狀態

圖3 壓力感應器

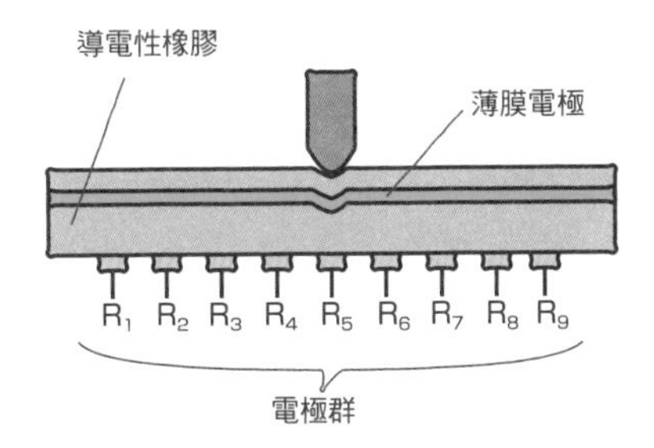

在混合碳粒子的導電性橡膠上分布大量極小的電極。從背面輕輕的按壓，可以在被按壓的位置處檢測出電氣阻抗值變小

005 製造人工頭腦

最近的電子機器，可以透過類似感應器的產品，將感應到的情報轉換成微小的電壓，再將結果使用電腦分析輸出利用。這和人眼睛所見的影像以信號方式傳達到大腦後，在大腦中進行分析・判斷・利用等，是相同的道理。人的大腦中有150億個腦細胞，腦細胞的活動掌管著人類的運作及生活。

另一方面，為了進行超微細的加工，薄膜技術的研究相當受到矚目。如圖1最小加工尺寸的直線所示，現在微細技術已可達到0.05μm(50nm：10萬分的5mm)左右。如此一來，可以在最多1cm大小的空間裡，生產最多1000億個電晶體或電容器的組合品（稱為1 bit）。人類的1個腦細胞和1 bit能不能相提並論，雖然現今還沒有明確的研究結果，但若以現時點的記憶量・運算能力・運算速度等，當作討論要件的話，我們的頭腦還沒有辦法勝過電腦。

圖2是在1mm左右厚度矽結晶板的「晶片」上，搭載積體電路的斷面圖。如左端所示，回路的厚度為9500nm（9.5μm≒100分之1mm）。右端處表示的電晶體的最小加工尺寸為40 nm（10萬分之4mm），正中央是它的中心部位。1cm左右大小的晶片，可以緊密裝載1000億個左右。為了能夠使它產生運作，必需連接8層配線線路，各自形成記憶部、演算部、控制部等等，綜合成1個完整的積體電路。薄膜技術就是以製作這種晶片為中心的技術。

人類社會也是，例如位於東京・品川附近的「天王洲AIRU」便是周圍聚集了飯店、住宅、超級市場、餐廳、辦公大樓、劇場等的複合型都市。和積體電路有異曲同工之妙。

●電腦的中心是薄膜IC
●以人工頭腦作為目標的電腦IC晶片，大量使用薄膜技術

圖1 每個晶片元件數量的對數增加以及最小加工尺寸的傾向

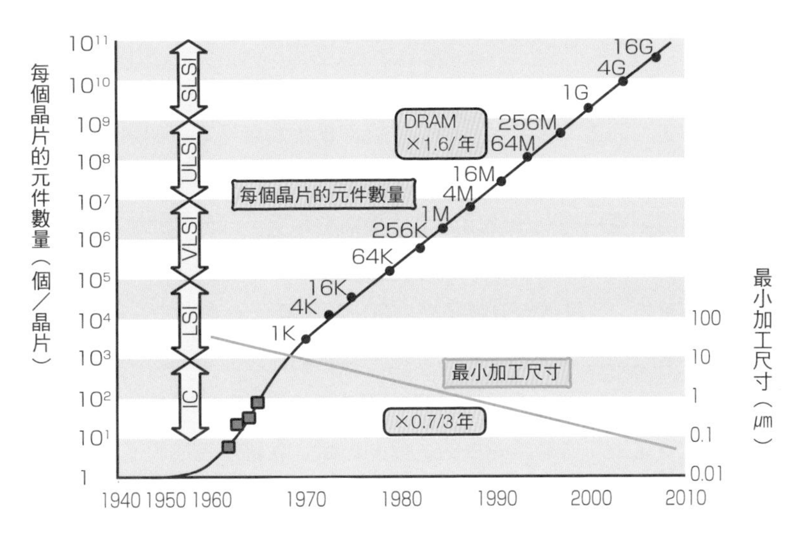

在晶片上（頂多1cm大小）鑲入1000億個電晶體。為了達成這個目標，能夠進行的最小加工尺寸為數十nm。

圖2 積體電路的斷面照片

斷面照片

配線層的高度為9500nm：電晶體的間隔長40nm＝外觀比約230：1

電晶體斷面照片

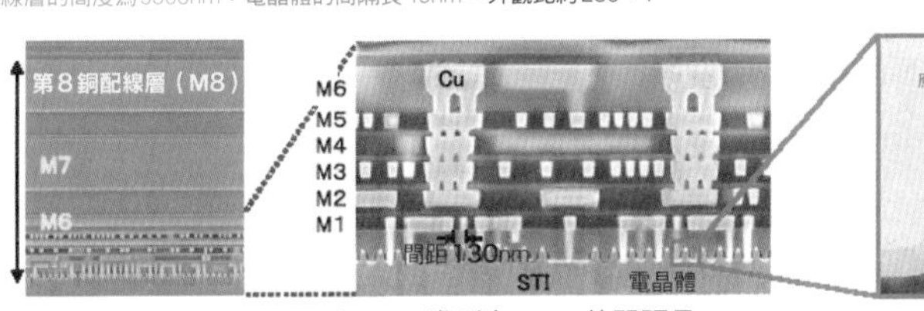

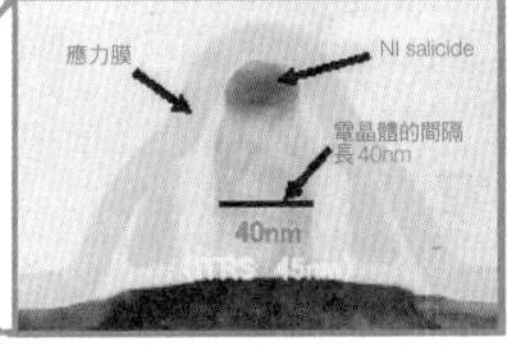

＊在ITRS準則上，M1的間距是130nm

左圖是整體圖，中間圖是下方擴大圖，右圖是細微加工的電晶體中心部M1～M8的配線層

提供：Panasonic股份有限公司（パナソニック株式会社）

用語解說

薄膜的測量單位→厚度（薄度）以1000分之1毫米（millimeter，單位mm）的微米（micrometer，單位μm），接著再10000分之1→100萬分之1毫米的奈米（nanometer，單位nm）測量

006 生活週遭的電氣製品也都有使用薄膜

看看我們生活週遭的電氣製品吧。最近家電量販店裡電視機販賣區的主流產品，是厚度僅僅數cm的薄型電視機。取代厚度達數十cm的傳統型電視機（CRT）而新登場的薄型電視機，所使用的是「平面顯示器」（flat-panel display，簡稱FPD）。這種薄型電視機，是在2片玻璃膜或塑膠料片之間，使用很多摻有複雜電子回路的薄膜，可說是靠薄膜技術才產出的製品（圖1）。

家庭的照明設備或信號機光源等等也是。它們從螢光燈或白熱燈的鎢絲，轉換成使用發光二極體製成的「LED照明設備」。LED不僅能使照明器具的壽命拉長，也可以達到節省能源的目的。這些也都是靠著薄膜技術及半導體技術才得以實現。此外，我們生活中隨手可享受的音樂CD、映像DVD，以及各種錄音帶、錄像帶的膠捲，也都是廣泛應用薄膜技術的產物。看看我們的書桌上有些什麼呢？筆記型電腦和手機之外，還有計算機、電子辭典、時鐘、英文會話錄音帶等等，有各式各樣數位化的產品。這些都是使用半導體元件或磁性膜等等，才能使它們變成小型化產品，並同時讓它們具備多機能化。

到屋外，在中等高度的位置試著眺望街道吧。說不定可以發現哪一家的屋頂鋪有深紫色的太陽電池面板。太陽電池因為每天能製造出乾淨的電能，在防止地球暖化上相當受到矚目。太陽電池，是經由電極製成的透明導電膜（可透光的透明物質通常是不導電的絕緣體，但這個膜卻是既透光也導電）和矽薄膜，以及另一方電極製成的金屬薄膜三種綜合後製成（參照圖2，*043*，*051*）。

如上所述，在我們身邊經常被使用到的薄膜，是將材料分解成極細的原子或分子大小後，再度重新組合成高密度化的物質，藉以實現生產小型又具備多機能的產品。

- 薄膜輔助著我們的生活
- 在維護地球環境方面，薄膜技術也是備受期待的

圖1 在電器行陳列了大型～小型各種不同的薄型電視機

提供：YAMADA電機有限公司
（株式会社ヤマダ電機）

圖2 在工廠屋頂上設置了340kW的太陽能發電面板

提供：夏普有限公司
（SHARP株式会社）

並非靠分解，而是採用壓延手法。究竟可以到多薄呢？

假如並非將材料分解成原子或分子程度大小，而是直接壓縮成薄片的樣子，大概能夠壓縮到什麼程度呢？利用壓縮、敲打的方式能將薄片弄成扁平形狀的材料，應當屬金、銀、鋁等等了。金箔最終能壓縮成0.1μm(1萬分的1㎜）薄，輕輕一吹可能就飛走了。儘管如此，在它的厚度方向上，金的原子依然有1000個左右依序排列著。要弄到這麼薄需要很大工夫。為了要加強它的延展性，會先放入微量的銀或銅，讓它變成合金。然後利用壓延機（滾軸，Roller）壓縮至100分之3㎜左右，之後將壓薄後的薄片用紙夾住敲打，使它能夠延伸（1000分之3㎜厚）。接著，再把要敲打的箔片用專門放置的用紙夾住，再次敲打使它延伸（1萬分的1㎜），經過這種種步驟後才能製作完畢。

圖1是平成13年（西元2001年）以重要無形文化財保持人（人間國寶：釉裏金彩技術保持者）獲得美譽的吉田美統先生使用其發明的技術製作作品的樣子。吉田先生採用的方式，是在白磁器的原始底色上添加色釉藥水後進行烘烤，以烘烤後的成品為基礎，在烘烤後的磁器上放入金箔後再次進行燒成，之後添加透明釉色藥水後再次烘烤，烘烤完成後即為完成品（因為金箔非常薄，需要用紙夾住後，使用手術用的鑷子等器具，仔細的切割出美麗的圖形）。另一方面，鋁箔是鋁塊（類似金塊那般堅固）在高溫下通過熱壓延的滾軸後，再進行常溫下的冷壓延步驟，之後才製成箔片（大約1㎜厚）。然後進行如圖2的步驟，家庭用的鋁箔就這樣完成了。值得一提的是，在「完成箔片壓延機」的這個步驟時，重疊的2片箔片，可以壓薄至4μm厚度左右。鋁箔的表面和背面不同，是因為在壓薄時採用重疊的手法（若不採重疊手法而只壓薄1片的狀況下，僅能壓薄至20μm左右）。用壓延方式達到壓薄成果的，「金」約能達1萬分的1㎜左右，「鋁」約能達1000分的1㎜左右。若要再壓的更薄，並使它能成為可利用的高純度薄膜，則是薄膜技術。

●金或鋁透過壓延方式可以變得更薄
●並非是薄膜，而是稱為「箔」。在美術及生活上佔有重要地位

圖1 人間國寶　吉田美統先生的創作

圖2 鋁箔工程製程圖

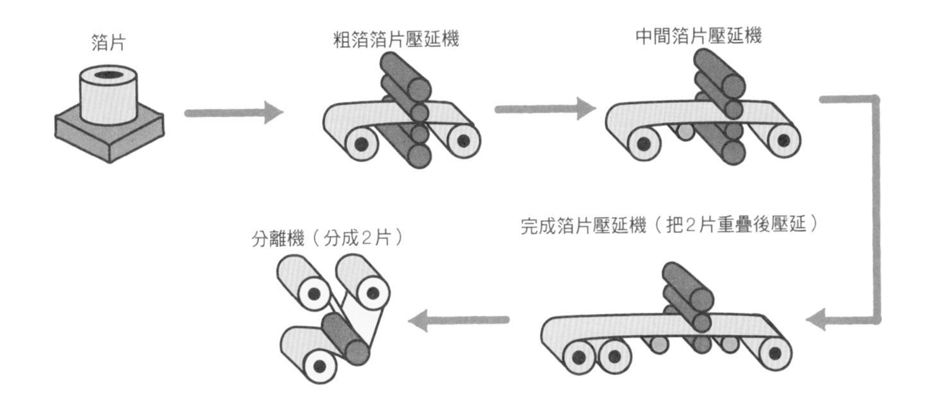

008 製作薄膜中的超微細圖形

薄膜，是用什麼方式製造而成的呢？

在很冷的冬天早上，有時候可以看到院子裡水潭中的水結成冰的景象。冰是水的固體狀態。將冰稍微加溫後，便會恢復成水（液體）的樣子，再稍微加熱的話，便會變成水蒸氣（氣體），分子的大小也會跟著支離破碎[注]。如何利用這些支離破碎狀態下的分子，是製作薄膜的原始出發點。

鋁（Al）及金（Au）的狀況又是如何？這些是金屬類物質，不管怎麼加熱，也不會像水蒸氣那樣飄散而去。若將鋁的表面加以氧化，也頂多只是變成白色。由此可知，要把金屬分解成分子般程度後再利用，並不是想像中那麼容易。金屬物質之所以不會變成蒸氣，主要是因大氣阻擾的緣故。因此，若要將金屬分解成分子或原子般大小，可採取在真空環境中加熱的方式。現在，除了加熱之外，如後文所述，還發現了濺鍍方式、離子鍍層、氣相沉積等不同的方法。我們將這些方式全部統一稱為「Source」（氣化源）。

圖1便是其中一例。在真空環境中，分解金屬的原子或分子不但沒有阻擾，也不會被氧化。在這當中，飛濺Source的金屬原子或分子，以音速程度（數百m/秒）數萬km/秒的高速前進，抵達打算要製作薄膜的基板（矽板或玻璃板）位置後，在那邊冷卻及凝固，即形成了薄膜。形成薄膜之後，取下有附著薄膜的基板，在那上面使用相片技術，把必須的圖案（回路圖樣等）燒結進去。然後去除多餘的圖案（稱為「蝕刻法」），製作類似電子回路等的薄膜產品。因蝕刻法本身也具有原子或分子的特性（在第11章有詳細說明），若能保持住圖形薄度的優點，最後能夠製作出極其微小尺寸的產品。

● 氣化源的週遭必須保持真空狀況是相當重要的
● 薄膜圖形化的蝕刻法也具有原子或分子的特性

注：在滾燙熱水的注水口處冒出的白色蒸氣，是大量聚集水分子的水（液體）的微粒，並非已經分解成分子狀態。

圖1 薄膜在真空容器內製成

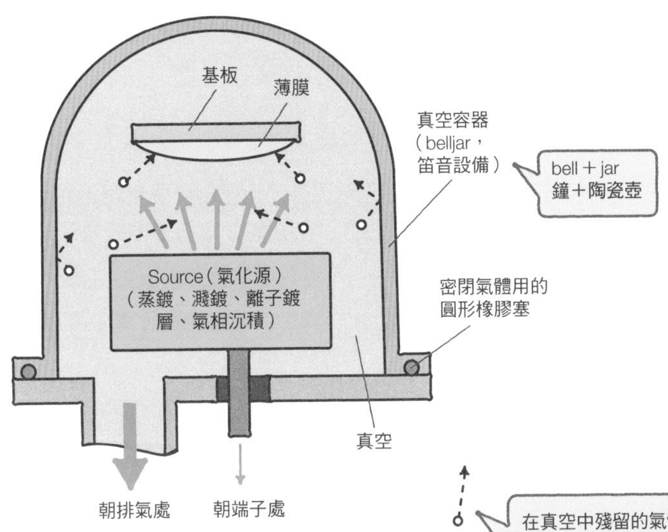

在真空中殘留的氣體，
多多少少會存有一點影響。
以下內容忽略殘留氣體存在
的問題，圖片中亦不表示

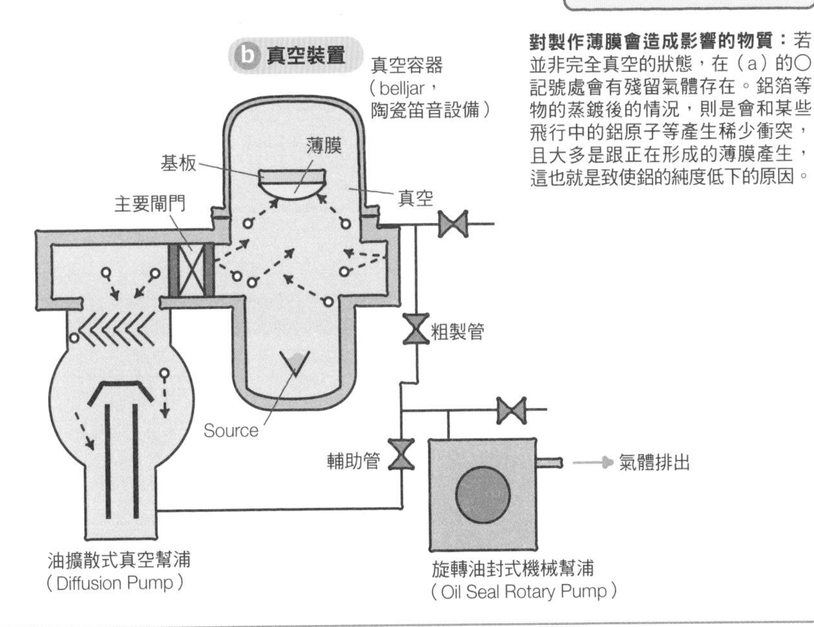

對製作薄膜會造成影響的物質：若並非完全真空的狀態，在（a）的〇記號處會有殘留氣體存在。鋁箔等物的蒸鍍後的情況，則是會和某些飛行中的鋁原子等產生稀少衝突，且大多是跟正在形成的薄膜產生，這也就是致使鋁的純度低下的原因。

COLUMN

何謂「真，空」

在經書當中有出現「真空」一詞。若從字典查詢真空的意思，可看到記載著「真如（真實）的理智，屏除一切迷惘的所見・景象」（廣辭苑　第2版補訂版）（譯者注）。要能達到這樣高深智慧的境界，必定需要累積相當艱難的修行。

在科學技術方面，所謂的「真，空」，是把什麼東西都沒有的空間稱為「絕對真空」。人類現今還沒有辦法實現這個階段的真空，僅能把這種概念視為「理想的真空」。

我們的先聖先烈們，為了定義真空煞費苦心。但也有些人認為「空氣只要不妨礙到自己的目的就可以了…」。因此，對大砲的子彈來說，空氣氣壓是多少，根本沒有影響。但是，以電視的映像管來說，因為要使用電子槍掃瞄，需要1億分之1氣壓以下的環境才行。若標準如此曖昧不明，將令人十分困擾。最後，決定只要比大氣壓（不是1氣壓）低的狀態下就可稱為真空。在現今社會，真空以以下的分類來稱之。

譯者注：原文為「真如（真実）の理性が、すべての迷いの所見・相をはなれること」（広辞苑　第2版補訂版）。

真空的等級	縮寫	壓力範圍
粗真空（Low Vacuum）	LV	大氣壓（未滿）～100Pa
中真空（Medium Vacuum）	MV	100（未滿）～0.1Pa
高真空（High Vacuum）	HV	1×10^{-1}（未滿）～1×10^{-5}Pa
超高真空（Ultra-High Vacuum）	UHV	1×10^{-5}（未滿）～1×10^{-8}Pa
極超高真空（Extreme High Vacuum）	XHV	1×10^{-8}（未滿）Pa～
絕對真空	OPa	

真空是薄膜製程的重要環境

真空是製造薄膜時最重要的環境。
越瞭解真空的狀態與性質，
也就越能瞭解與思索製造薄膜時最適合的環境及裝置。
若有好的前置設備，幾乎就像是薄膜已經幾近製作完成一般。

009 真空，就是氣壓比大氣氣壓低的空間狀態

真空，被認為是「完全淨空」。因真空是肉眼無法看見的，過去應該經常被人這麼解讀吧。而現在，最常使用的真空，是指百萬分之1的再百萬分之1氣壓程度的真空。這究竟是什麼樣的狀態，以處於氣溫25℃的氮氣狀況下考慮，可歸納成4點。①1mℓ(1㎤)當中，殘留了355萬個氣體分子（稱為「**分子密度**」)。在這麼多氣體分子同時存在時，必定會持續地互相衝撞，②一次衝撞到下次衝撞的平均距離（稱為「**平均自由行程**」)，實際上高達509㎞（幾乎是東京到大阪間的距離)。③這個氣體分子，也不管是不是容器的外牆，一樣會衝撞上去。數量以每秒每1㎠有380億個之多（稱為「**射入頻率**」)。④而且，衝撞上的分子會被牆壁全部吸附，分子會因為大量並排而將牆壁表面完全覆蓋住。完整製作完第1層的吸附層，大約要耗時3小時半。1mℓ當中，會高達355萬個氣體分子，卻有509㎞不會衝撞到，總讓人感覺有些矛盾，這是因為分子原本就是非常微小的。

真空雖然是肉眼看不到的，卻會引起這樣的情況。讓真空以有形方式呈現出來的，是義大利的科學家，托里切力（Evangelista Torricelli，1608～1647)。托里切力用圖1說明，A位置裡什麼東西都沒有，這個就是真空。這是他1643年的研究發表。後人將這個研究結果稱為「**托里切力真空**」。在那之後，發現了如前述的355萬個的百萬倍再1萬倍左右的水蒸氣或水銀蒸氣富含在其中。今日，JIS中定義的真空為「被比正常大氣氣壓低的壓力氣體充塞的空間狀態」。根據這個理論，人類呼吸時肋骨上揚而使肺部擴張，使當中的壓力比大氣氣壓略低，進而吸入空氣，可說這時候的肺就是真空狀態。因湧起愛的感覺而相互親吻的時候，真空狀態也會產生。

- 真空，就是被比正常大氣氣壓低的壓力氣體充塞的空間狀態
- 人類的肺部也是透過製造真空狀態來呼吸

圖1 托里切力真空（Evangelista Torricelli）

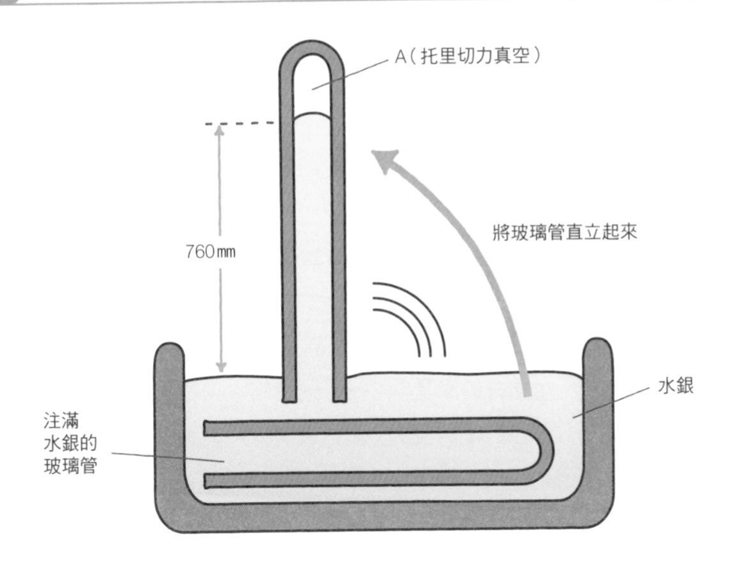

圖2 人類製造真空狀態呼吸

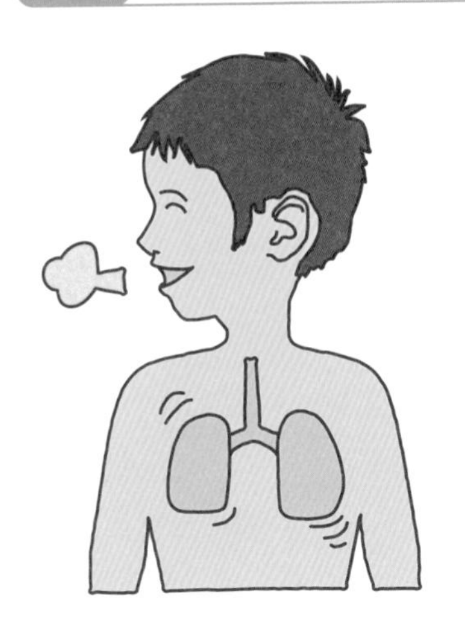

用語解說

真空的定義→JIS（日本工業規格）中定義為「被比正常大氣氣壓低的壓力氣體充塞的空間狀態」。在現今社會，把什麼東西都沒有的空間狀態稱為「絕對真空」

譯者注：托里切力（Evangelista Torricelli），1608～1647，義大利的物理學者、數學家。
主要從事地球自轉相關研究。

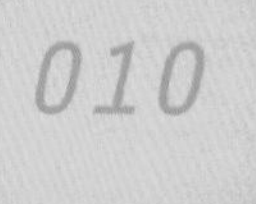

真空所用的單位：壓力單位帕斯卡〔Pa〕

真空因為是表示一種狀態，並沒有辦法像物品那樣以幾個、幾kg等單位來表示。正如同定義當中所解釋，真空是用壓力（每單位面積力：N/㎡→Pa）測量出來的。因此，形容真空所用的單位是**壓力的單位**Pa（Pascal，帕斯卡）。我們再次用托里切力真空來說明。

把（009）的實驗稍作一些變更，如圖1裝上蓋子，並裝上真空幫浦試試看。在大氣壓的狀態下，水銀柱的高是760㎜，這時候水銀柱底部位置1㎠處所感受到的重量為1026g，約1kg/㎠的壓力（因為這個與大氣的力量A相稱，大氣壓的力量是每1 ㎠約膨漲1kg。）。操作真空幫浦使壓力下降（減小與B相稱的A的力量），當水銀柱的高度h為1㎜時，壓力為1.35g/ ㎠。這個時候是133Pa。過去這個也以1〔Torr〕（陶爾）表示。由上述說明可知，1Pa時的壓力約0.01g/ ㎠。

接著慢慢把氣排掉，水銀柱在0.1㎜的時候是13.3Pa，0.01㎜的時候是1.33Pa，0.001㎜的時候是0.133Pa。也就是說，1.33×10^{-1}Pa……1.33×10^{-n}Pa。在真空的研究範疇中，雖經常會用「真空度10的負n次方」來表示，但若考慮到水銀柱的高度變化，便能夠感受到壓力單位跟真空的關聯。而（009）中提到最常使用的真空狀態，則是1×10^{-8}Pa。

用水銀柱的高度來考慮壓力大小，會是非常小的值。當然，這個高度用肉眼或光學測定儀器都沒有辦法測量出來。正因為如此，才開發出各式各樣不同的測量器具。製造真空狀態的真空幫浦也是一樣。在真空狀態中，分析真空裡會殘留怎樣的氣體（此氣體稱為「**真空質**」）也是相當重要的。

自然界裡也存在如此低的壓力。圖2表示從富士山到宇宙探查火箭的高度及壓力間的關係。現在的真空幫浦，能探求遙遠宇宙彼端的壓力程度。

- 真空所使用的單位是壓力單位的帕斯卡〔Pa〕
- 水銀柱1㎜時候的壓力是133Pa

圖1 托里切力真空（Evangelista Torricelli）

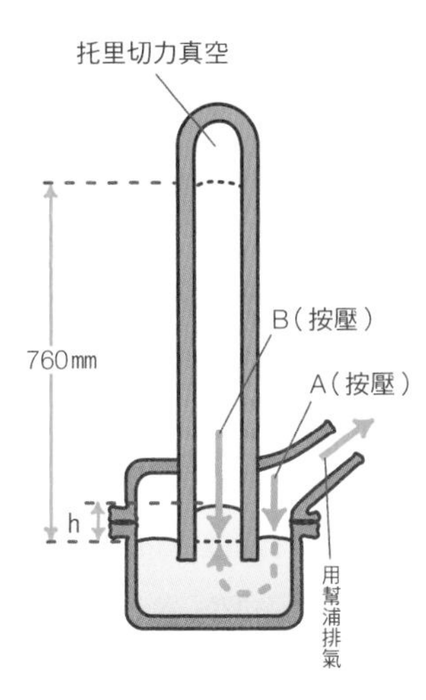

圖2 宇宙空間及壓力

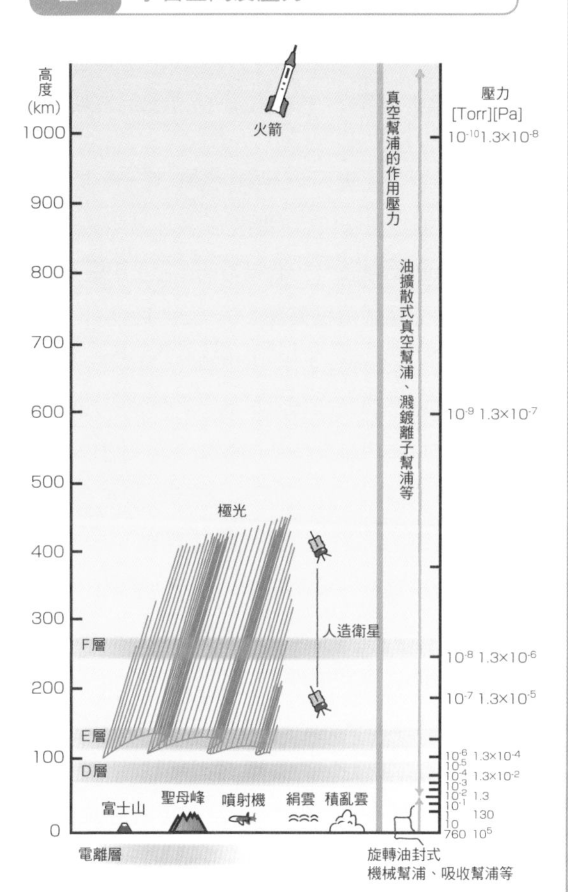

壓力單位Pa及Torr

以前的壓力單位是Torr，這是以發明者托里切力（Evangelista Torricelli）命名。當水銀柱長1㎜時稱為1 Torr（當初稱1㎜Hg），這對真空研究者或相關領域者來說，是十分容易理解的說法。1992年執行計量法的修訂，無論是大氣壓（低氣壓・高氣壓）還是活塞相關類別，只要跟壓力有關，全部都以發現流體壓力原理的帕斯卡（Pascal）統一命名為Pa，因此真空所使用的計量單位也從Torr修改為Pa

011 真空幫浦有抽氣、吸附2大類

真空幫浦主要可分為兩大類。其一，是類似電氣吸塵器（別名，真空吸塵器）一般，能從真空環境中將空氣抽出集中後一併排出的產品（注），另一種則是像除臭劑把氣味集中般將空氣吸附的產品。來看看個別代表例子。

旋轉油封式機械幫浦（Oil Seal Rotary Pump），如圖1所示，隨著每分鐘約回轉60次的旋轉片運作，摺動翼在彈簧的伸縮下，將空氣吸入、壓縮，及排出。從大氣壓狀態開始操作此幫浦，所得到的最低壓力（到達真空）約10^{-2}Pa左右。該幫浦常被當作輔助排氣的幫浦使用。圖2的**吸附幫浦**（Sorption Pump），在正中間的容器瓶內，放入如吸附劑活性炭的多孔質物質，將液態氮放進保溫瓶裡，冷卻至－196℃，栓緊頂部的**真空法蘭**（flange）零件，將真空容器內的空氣吸收，使之呈現真空狀態。同樣，從大氣壓開始操作此幫浦的話，最低可到達的壓力約10^{-2}Pa左右。吸附幫浦和旋轉油封式機械幫浦一樣，被視為輔助型幫浦。

油擴散式真空幫浦（Diffusion Pump），如圖3所示，把鍋爐中特殊的油分蒸發，隨著如噴射超音速般湧起的蒸氣噴流氣勢，不斷的向下壓縮氣體，最終從排出口排出。排出後的氣體，作為輔助幫浦，繼續用接續在旁的旋轉油封式機械幫浦排氣。從1Pa開始操作，至到達壓力10^{-8}Pa左右後，才將它當作主要幫浦進行使用。**冷凍真空幫浦**（Cryo Pump），如圖4所示，是在－193℃（主要使用水、氮氣（N_2）來吸附氧氣（O_2））、－263℃（使用活性炭來吸附氫（H_2）、氦（He）等氣體）等極低溫的吸著面將全部的氣體吸附。從1Pa開始操作，到達壓力為10^{-8}Pa以下。同時，它是以主要幫浦的角色被使用。旋轉油封式機械幫浦或油擴散式真空幫浦，因為是使用油的幫浦，稱之為「油式幫浦」（Wet Pump）。同理，沒有使用油的幫浦，稱為「乾式幫浦」（Dry Pump）。

●普遍作為輔助幫浦的，有旋轉油封式機械幫浦及吸附幫浦
●普遍作為主要幫浦的，有油擴散式真空幫浦及冷凍真空幫浦

注：觀測史上，所記錄到的最低氣壓是颱風20號（1979年10月19日橫貫日本）的氣壓值0.86氣壓。儘管它帶著這麼龐大的自然能源，到達路面後也僅有這樣的低壓值。用人工方式製造真空，則是使用特殊的真空容器，利用真空幫浦把容器內部的氣體全部排出，使容器內達到真空狀態。

圖1 旋轉油封式機械幫浦（Oil Seal Rotary Pump）

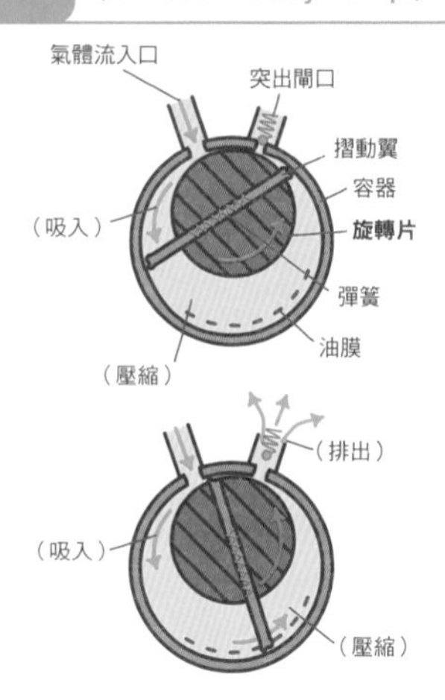

從上方少許旋轉後，左邊空間會變大（吸氣），右邊空間會縮小（壓縮），再稍微旋轉一點後，左邊空間便會獨立出來，不久後會自動壓縮

圖2 吸附幫浦（Sorption Pump）

將容器瓶內的活性炭冷卻至－196℃。把附著的空氣排出

提供：佳能股份有限公司
（Canon ANELVA Corporation）

圖3 油擴散式真空幫浦（Diffusion Pump）

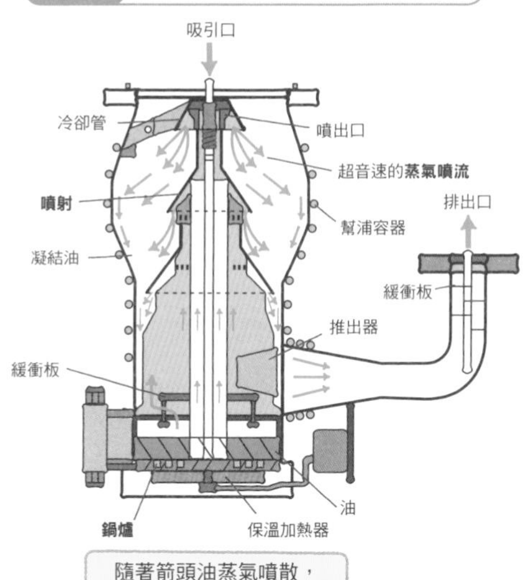

隨著箭頭油蒸氣噴散，氣體便會排出

圖4 冷凍真空幫浦（Cryo Pump）

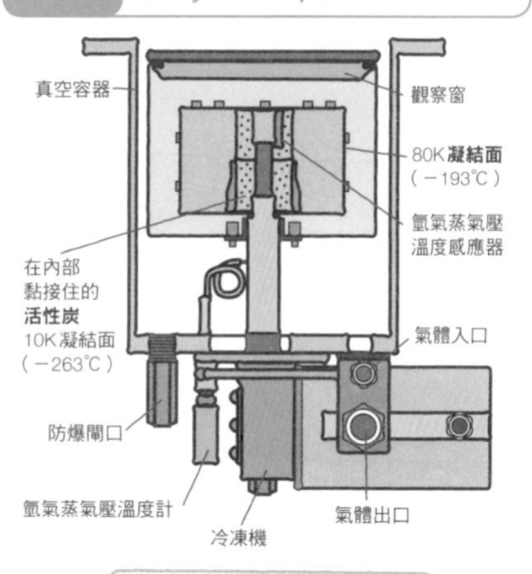

吸附附著在 80K 及 10K 吸附面上的氣體後排出

012 測量、分析真空
真空計

利用真空環境的第一步，是必須要知道多低的低壓狀態才算是「真空」。這可以透過**真空計**測量得知。同時，即使是在相同的真空狀態，分析其空間中殘留何種氣體也是相當重要的一環（若當中存有O_2或H_2O這種會使薄膜容易氧化的氣體，將比較不適用）。接下來說明較常使用的真空計。

蓋斯勒（放電）管（Geissler tube），如圖1所示，是一種在直徑20㎜、長200㎜左右的玻璃管中，放入兩個電極的簡易型真空計。向它施加高電壓，放電的樣子會如同霓虹燈一般隨壓力產生變化。在接近1Pa時放電會消失，可以看見內部的螢光。1Pa是從輔助幫浦轉換到主要幫浦的壓力值，加上蓋斯勒管本身價格低廉，因此被使用度極高。

0.05㎜以下的薄膜，用手指輕輕按壓，就約略會產生變化。如圖2**的隔膜式真空壓力計**，透過測量與固定電極間靜電容量的變化，來達到量測壓力的目的。隔膜式真空壓力計因為沒有蓋斯勒管的放電情形，以及下面要說明的B－A型電離子真空計的熱陰極狀況，在化學上屬於較穩定的真空計，因此經常被使用。

B－A型電離子真空計（Bayard-Alpert Type Vacuum Gauges），如圖3動作狀態的照片一般，在直徑0.1㎜鎢線製作的熱陰極通上電流使之灼熱後，極離子網板（陽極，正極電位）被吸引而放出電子。此電子與氣體分子衝撞後，氣體分子的電子會彈飛出去形成正離子。當氣體分子越多，形成正離子的數量也越多。反之，氣體分子越少，正離子也會跟著減少。這些正離子，會流入負極電位的離子聚集處（即「集離子電極」）。這時候產生的電壓I_i是跟壓力成正比的，因為可當作是極具信賴度的真空計，因此被多方採用。為了要瞭解真空室中殘留的氣體種類，通常會使用**集體過濾器（mass filter）**（參照卷末參考書籍）。

●蓋斯勒管（Geissler tube）是可目測、價格低廉且廣被使用的真空計
●隔膜式真空壓力計對化學反應明敏，B－A型電離子真空計是最值得信賴的真空計

圖1 蓋斯勒（放電）管（Geissler tube）中的放電示意圖

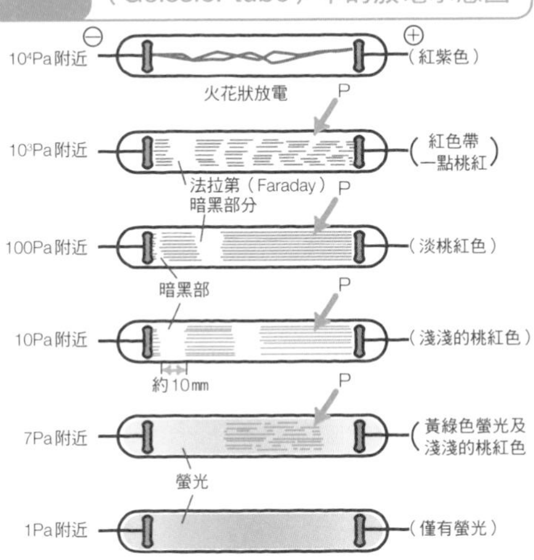

（ ）內表示排氣時的顏色（P：電漿）

圖2 隔膜式真空壓力計

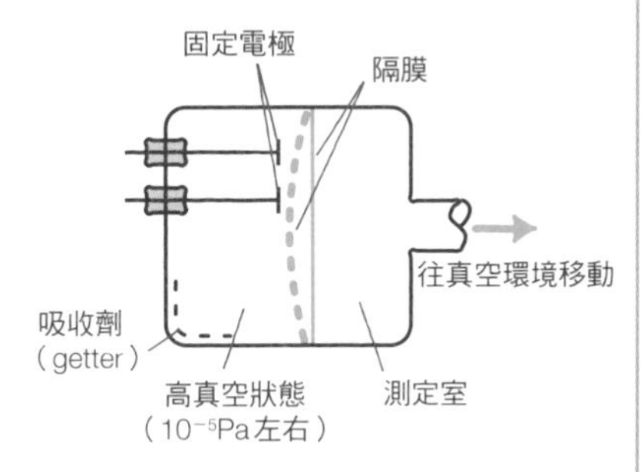

圖3 B－A型電離子真空計（Bayard-Alpert Type Vacuum Gauges）

a 概觀

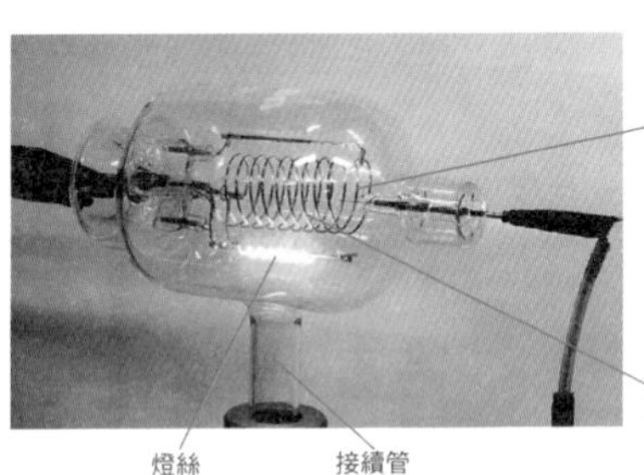

b 動作說明圖

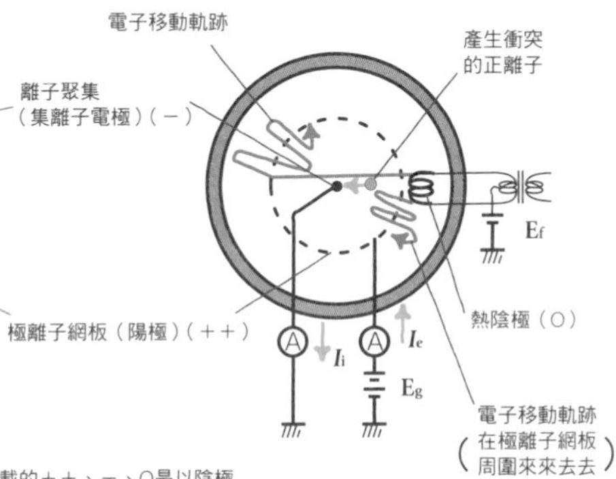

（ ）中記載的＋＋、－、O是以陰極為基準的電極電位。電池表示的是實際上施加電壓的方式。

013 真空裝置的製作方式

真空容器中從開始排除內部氣體到完成真空狀態，僅需要數分鐘即可，並不會非常耗時。接著，如圖1所示，氣體會逐漸流進真空容器裡。在這當中，由於技術的進步，①**滲透**及②**穿透氣體**幾乎都已獲得解決。但③**吸附殘留氣體**及④**附著氣體**的問題，在製作真空容器的時候，要選擇哪種製程材料是非常重要的。例如可選用在真空中溶解製成的不鏽鋼等材料來製作。另外，容器中的真空度（壓力），取決於真空幫浦的能力（排氣速度）及它與排出氣體的平衡狀態。

會殘留哪種氣體，以圖2列舉透過質量過濾器（mass filter）調查後的例子。（A）是在主要幫浦位置使用油擴散式真空幫浦（DP類）的情況，（B）則是使用冷凍真空幫浦。不同的是，質量數（M/e：聚集在集離子電極的粒子質量M及具有離子的電荷量e的比）大的一方的氣體的有無。（A）的DP類的質量數在45以上時，油擴散式真空幫浦會有稀少的油蒸氣逆流進真空室，這在製造薄膜上會造成妨害。因此，必須運用許多方式來排除油蒸氣。這個方式因為使用到油，故被稱為**油式類別**。（B）則因為幾乎沒有滲入氫和水，因此被稱為**乾式類別**。

接下來，來看看製作真空裝置的方式。如圖3所示，可取得低壓真空的乾式類別，主要幫浦通常使用冷凍真空幫浦，同時也考慮將旋轉油封式機械幫浦列為**輔助幫浦**一併使用。為了能在一天中執行數次工作，而採用較大的**主要閘門**，除了基板的交換口外，其他平常都維持在真空狀態。把薄膜裝在基板上時，先開啟主要閘門，往右方移動使氣化源動作。如此一來，每15分鐘能製成1次比例的薄膜。因為是使用乾性幫浦（Dry Pump），不需要擔心油引起的污染。若是想要製造100倍左右的低壓真空狀態，建議可在橘色虛線的地方用保溫加熱器加熱、排氣。

- 適度製造出好的真空環境是很重要的
- 真空容器中殘留的氣體種類要格外注意

圖1 真空容器中流竄的各種氣體

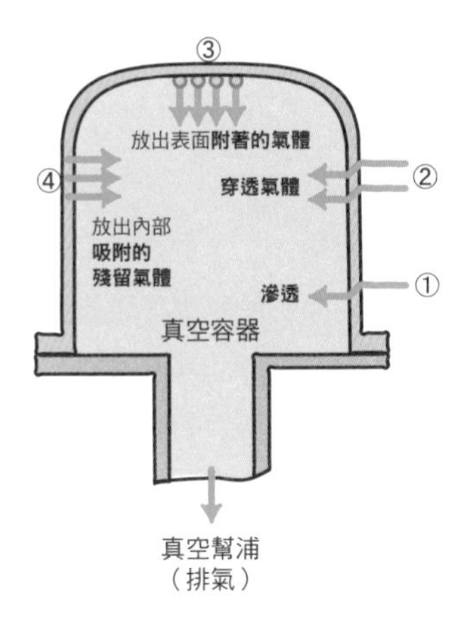

圖2 真空容器中殘留的各種氣體

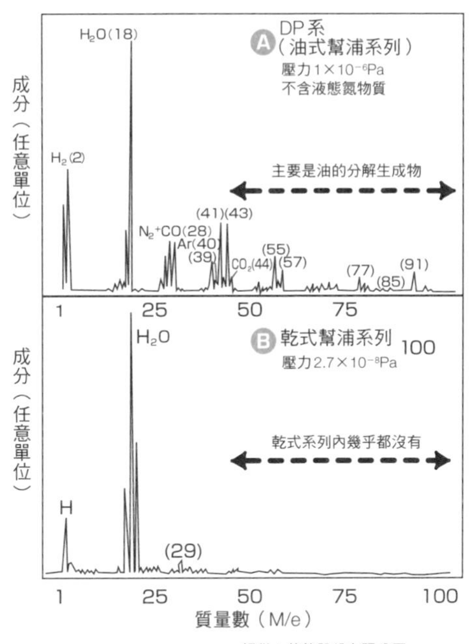

提供：佳能股份有限公司
（Canon ANELVA Corporation）

圖3 真空裝置例

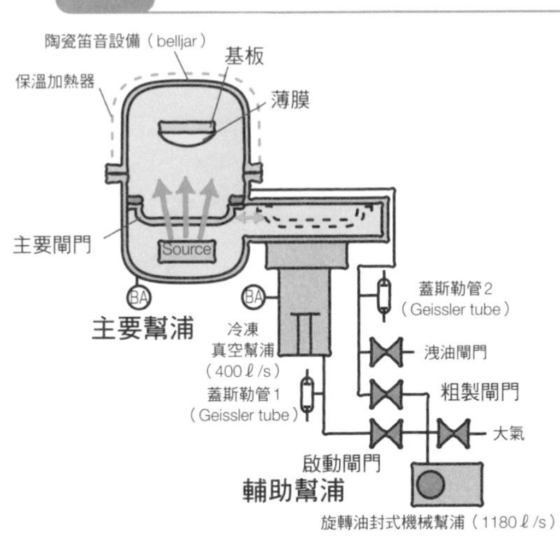

啟動裝置：利用主要閘門（閉）、啟動閘門（閉）來操作輔助幫浦，在蓋斯勒管1完全放電結束前執行抽氣。接著，操作冷凍真空幫浦以達到真空狀態。之後，使用啟動閘門（閉）來保持真空狀態

裝置薄膜：在開口部打開笛音設備，裝設好基板。利用笛音設備（閉）、粗製閘門（開）在蓋斯勒管2放電結束前執行抽氣。利用粗製閘門（閉）、主閘門（開）來抽氣，當到達所定的壓力（用B－A型電離子真空計測量），操作Source，裝置薄膜

取出基板：在大氣中操作笛音設備的主要閘門（閉）及洩油閘門（N_2或大氣）。開啟笛音設備進行基板交換。關閉笛音設備進行下一個循環

COLUMN

瞬間質量移動裝置的研究

以前有部電影叫做「The Fly」（臺灣的中文譯名為「變蠅人」）。講述有2個電子傳送艙，進行這項研究的研究者走進傳送艙A，按下開關使裝置作用後，傳送艙A便如閃電般發出劇光並大量冒煙，研究者就瞬息間從傳送艙A消失，現身在傳送艙B當中。只要將這個電子傳送艙A放置在東京，B放置在紐約，就能夠瞬間穿梭在東京・紐約之間。這是宛如夢一般的瞬間質量移動系統的研究。

某天，一如往常，研究者走進電子傳送艙A。但是此時有一隻蒼蠅也飛進了傳送艙中。當裝置啟動，研究者瞬間移動到傳送艙B，竟然變成了蒼蠅與人的合體，蒼蠅人。這可不得了…。

薄膜的情況與這個類似。傳送艙A就是Source（氣化源）。而B就是基板。在一方七零八落的原子能不能在他方完整的變成薄膜，此目的能否平安達成是非常重要的。

試驗中有沒有摻入蒼蠅（這等同於真空中有沒有摻入殘存的氣體分子）？從基板上取下的狀況是否良好？會不會是荒涼的曠野？實在令人相當擔心。在那邊原子是否有整齊的排列著？會變成什麼樣的薄膜呢？

來製作薄膜吧

薄膜，是將預計作為材料成分的「Source」，
分解成原子或分子大小。
分解後的原子或分子，在基板上逐漸生成薄膜，
但生成的方式及薄膜成品會產生許多樣式。
薄膜是極薄的產品，裝載在如基板般堅韌的物品上使用。

014 氣體的薄膜材料製成固體的薄膜

製作薄膜的要點之一，是製作鋁合金或化合物這種欲做成薄膜的材料（以下簡稱「**薄膜材料**」），並思索如何將這些材料分解（變成氣體）成原子或分子般大小。其二，是把分解後的薄膜材料放置在玻璃或矽晶片般的基板表面上，思索如何將其製成與原材料相同材質的薄膜（這裡是成為固體）。這時，要特別注意基板表面及周圍環境是否已成為最適合薄膜生成的狀態。如上所述，所謂最適合的環境，取決於真空環境及基板溫度等條件。

以圖1為一例說明。在這裝置中要把**Source**（**氣化源**）的周圍轉換成真空狀態。之後，使Source產生作用，讓薄膜材料向基板處飛散。如圖1（b）所示，在薄膜材料已分解的Source中，可採取許多方式，且現今仍陸續在開發新的方法。關於這部份將在第7章～第9章中詳細說明。

在Source中分解完成的薄膜材料大小，已知其微小程度約是原子或分子尺寸的0.3nm左右。正因如此，才能夠製成超微細薄膜及超高密度的產品。

從Source飛散的原子或分子的速度，依Source不同而略有差異。以加熱（蒸鍍（Evaporation）法及氣相沉積法（Chemical Vapor Deposition））相關的方式而生成的原子或分子，達音速程度數百m/秒，而離子鍍法（Ion Plating）在生成時與蒸鍍法大致相同，卻將近加速數千倍～數萬倍。濺鍍法（Sputter）則高達蒸鍍法數十倍的數km/秒。這些都對薄膜的生成有極大影響。因沒有妨礙材料原子或分子移動的物質，因此會朝最初飛散的方向呈直線運動。到達基板的原子或分子，在不花費1秒鐘的情況下，從常溫到被300度左右的基板溫度冷卻。

●作為薄膜基礎的原子和分子是從Source（氣化源）中飛散出來的
●將Source（氣化源）與基板間弄成真空狀態，使之不妨礙原子的移動

圖1 薄膜技術的概略

ⓐ 製作真空膜薄裝置圖

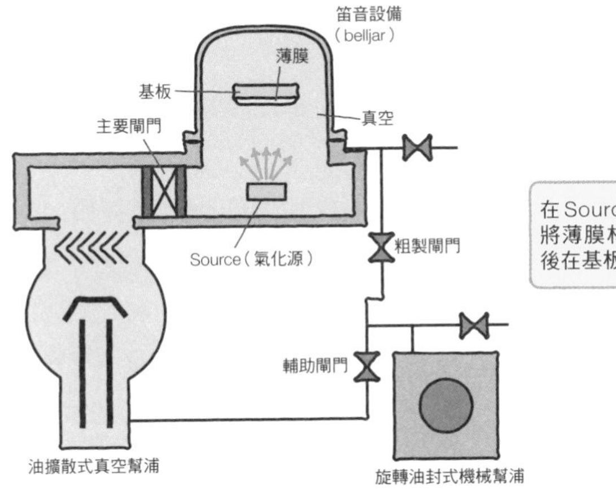

在Source（氣化源）中將薄膜材料氣體化，然後在基板上製成薄膜

ⓑ 氣化源Source及基板

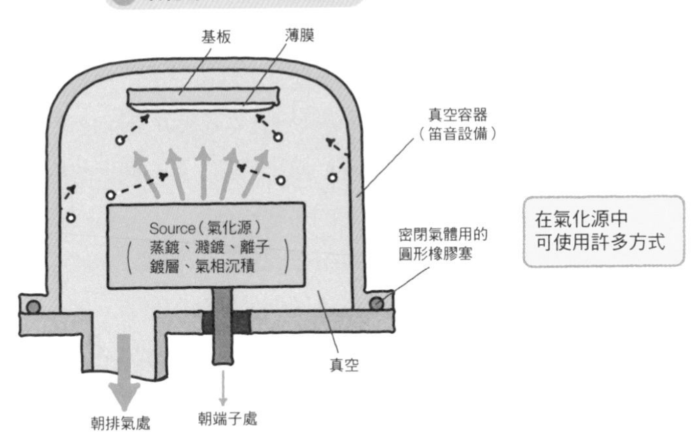

在氣化源中可使用許多方式

表1 製造薄膜時金屬的沸點、融點，以及基板的溫度

	沸點（℃）	融點（℃）	一般基板溫度（℃）
鋁	1,800	660	常溫～300
金	2,680	1,063	〃
鎢	4,000	3,600	〃
（水）	（100）	（0）	（常溫）

015 Source（氣化源）可略分為4大種類

Source（氣化源）將材料分解成為最小單位的裝置，方式有許多種，相關研究也十分盛行。圖1為粗略分類的結果。

在真空中將材料加熱，材料會蒸發而變成分散的原子（氣體），用這些氣體附著在基板上來製作薄膜，稱為**蒸鍍法（Evaporation）**。這時，由於加熱用的保溫加熱器的雜質也跟著蒸發，為了使薄膜不沾上雜質，需要特別處理。

離子鍍法（Ion Plating，簡稱「IP」），是在製程中製作電漿（plasma）區域，使材料能通過。如此一來，原子的一部份電子會飛散而轉變成正離子。一旦在基板上施加負電壓（數千V），正離子便會朝著基板加速，此速度有蒸鍍時的數千～數萬倍，並且會在基板上積層。

濺鍍法（Sputter），是透過製作薄膜材料製成的目標物和基板（負極電位）間的電漿，讓電漿中的離子對目標物產生激烈衝撞的一種方式。接收到了如此大的能量，目標物原子在空間中會飛散出去（濺鍍本身即是飛散濺灑的意思）。原子活動的速度是蒸鍍時的數十倍。因為目標物是一個大的板狀物，是薄膜量產上相當適宜的方式。

氣相沉積法（Chemical Vapor Deposition，簡稱「CVD」），是將含有欲製成薄膜原子的氣體引導至高溫基板表面（例如矽Si的情況，富含Si的SiH_4是原材料）的一種方式。在基板表面引起熱分解等化學反應後，在表面製作薄膜。因基板呈現高溫，可製成高純度的薄膜，但不能使用塑膠類這種無法耐熱的基板。

裝載薄膜在基板上時，欲以相同厚度平整鋪在基板全面的情況很多，這時的狀況可以以光來比喻。蒸鍍法及離子鍍法就相當於點光源（只有一個特定光源，除光源垂直處明亮外，周圍都是昏暗的），濺鍍法及氣相沉積法就如同面光源。

- Source（氣化源）可略分為蒸鍍法、離子鍍法、濺鍍法、氣相沉積法4大種類
- 在基板全面上平均鋪上相同厚度的薄膜也非常重要

圖1 薄膜的製作方式

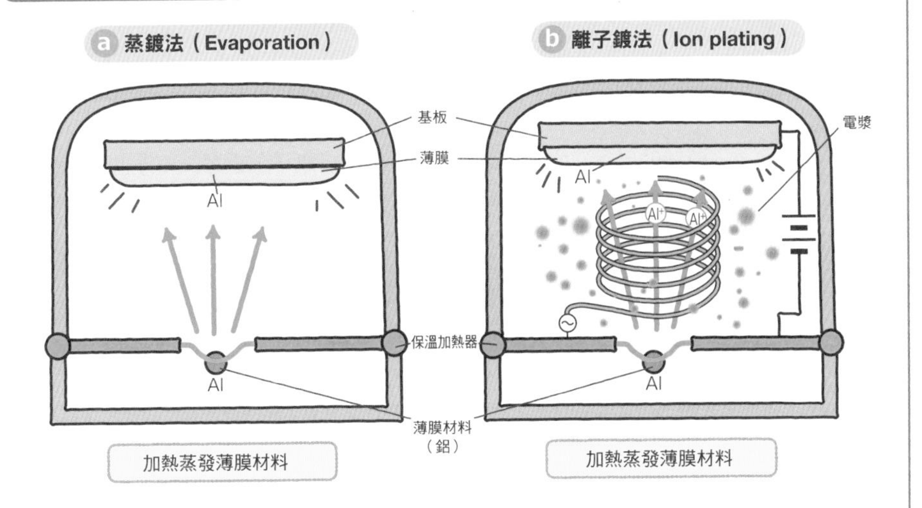

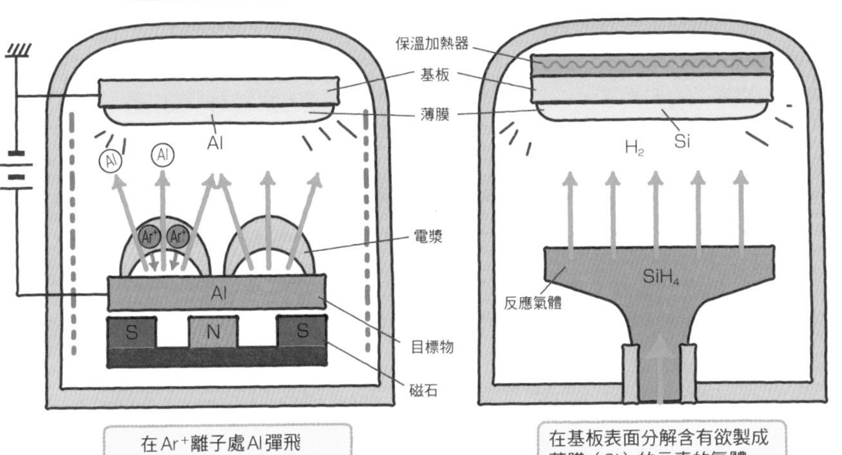

在 Ar^+ 離子處Al彈飛

（藍紫色虛線是在（050）中說明off axis法的基板，在氧化物濺鍍上十分重要）

在基板表面分解含有欲製成薄膜（Si）的元素的氣體

016 單層生成及核成長
薄膜的生成①

從Source飛散的原子，如圖1(a) 所示，在基板原子上相當有秩序的排列著，直到逐漸生成為薄膜，稱作「**單層生成**」。薄膜若以這種方式生成，不但膜質狀態會很好，問題也會減少。單層生成是在特殊條件下進行的。首先基板要結晶，在上面裝載的薄膜原子必須幾乎是相同大小（性質希望也非常相似），並像圖1(a)一般排列整齊。例如水上方的水的膜、金結晶上的金的膜等一樣的情況，詳細內容會在(019) 說明。

一般來說，以高速飛來的原子一旦和基板產生衝撞，會像圖1(b) 的(B)〜(D)那樣進行動作（這時是氣體或液體），基板表面上吸附的原子不斷增加，相互吸著而形成原子團（也有原子如(F) 般在基板上被反射，再度離開基材表面）。原子團，是原子程度大小時彼此不斷吸附在彼此的凹槽、稜角等稱作「**捕獲中心**」的位置，最終形成如(E) 薄膜成長的晶**核**。這個核會與隨後陸續聚集的原子或周圍其他核的部分或全體再次合體，變得更大。若原子有10個以上聚集，就能安定的形成**穩定核**，再持續變大，即能形成薄膜。這種生成方式稱為「**核成長**」(Volmer-Weber)[參6]。

用電子顯微鏡觀察（如圖2)，薄膜的平均厚度一旦達原子直徑的10倍左右（約5nm前後）(a)，薄膜看起來就像基板上小小的點，這些點緊密聚集（稱為「**滴狀合體**」）就變成島(b)。島與島相連至剩下海峽狀態(c〜d)，便形成整片覆蓋住基板的薄膜(f)。這個生成的初期是液體狀態迅速地被冷卻，在成為島狀的周圍，液體和固體是混在一起增長的。若用電子顯微鏡的動畫觀察此情況的話，跟在霧氣佈滿的玻璃上水滴滑落後流下的樣子十分相似。一粒粒飽滿的水滴聚集附著成大水滴，宛如將整個玻璃覆蓋一般。因此這種現象稱作滴狀合體。

●原子的薄膜生成有單層生成及核成長
●核成長，一般來說宛如：點→島→海峽或湖泊的膜→連續膜→生成

圖1 薄膜的單層生成及核成長

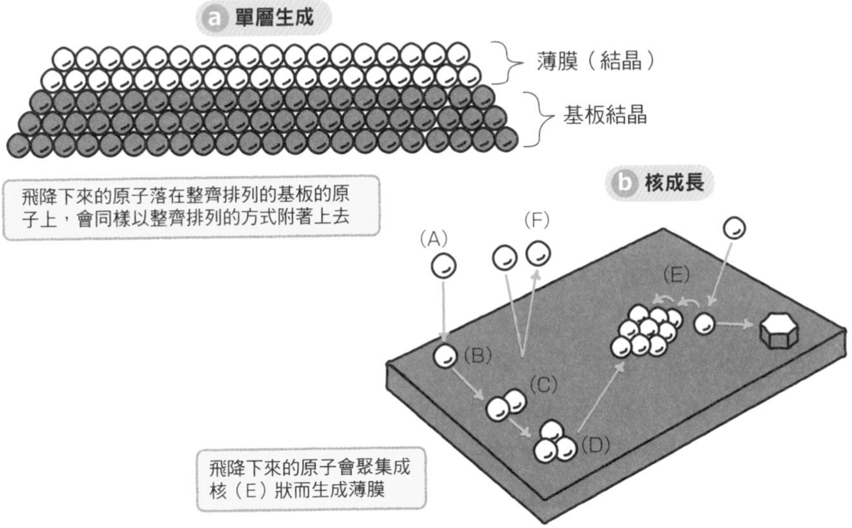

a 單層生成

薄膜（結晶）

基板結晶

飛降下來的原子落在整齊排列的基板的原子上，會同樣以整齊排列的方式附著上去

b 核成長

(A)

(B)

(C)

(D)

(E)

(F)

飛降下來的原子會聚集成核（E）狀而生成薄膜

圖2 薄膜的核成長（參6）

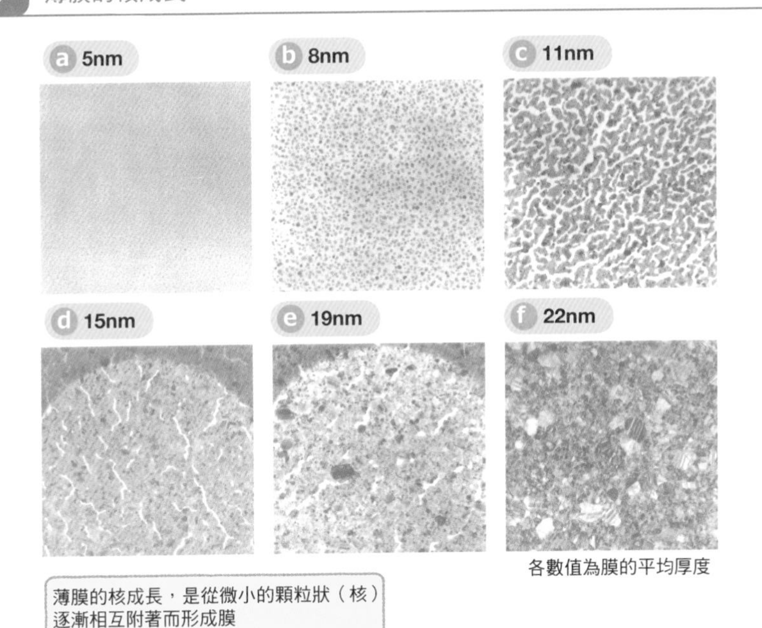

各數值為膜的平均厚度

薄膜的核成長，是從微小的顆粒狀（核）逐漸相互附著而形成膜

017

薄膜的內部殘留多數缺陷
薄膜的生成②

薄膜的生成若使用搭電車的狀態來比喻應該較容易理解。

搭乘中午空曠的電車，人們通常會依自己的喜好選擇座位，可以以很悠閒的心情移動。這現象轉換到薄膜的話，等同於矽單結晶上緩慢的結成矽薄膜。

若是早上顛峰時段又是什麼情形？咚咚咚咚的跳上擁擠的電車，手放這，腳擺那，為了不要跌倒，手緊緊抓住吊環或椅背把手。可說這狀況給周圍的人添了不少麻煩。若呈現在薄膜狀態，當材料原子和預計搭載基板的指定位置關係遭到破壞，如（016）圖1（a）的●和○的溫度差大，●的溫度比○的融點低許多，○稍微作用一下就變成液體，隨後變成固體固定。宛如用濕濕的手指在冰庫裡觸摸冰涼的金屬，手指立刻會沾黏在金屬上一樣（圖1的a）。

電車一行進（等同於薄膜的熱處理）內部總算稍微穩定下來，但還是有些不足。薄膜的內部同樣也還殘留著空隙（缺陷）。缺陷不會完全消失不見（b）。

對薄膜而言，稱這種原始的材料為**「塊材」（bulk）**。對鋁的薄膜來說，就是指鋁塊等等。市面販售的鋁、鐵、不繡鋼的塊材，是從鑛石中取出金屬，去除雜質再添加必要材料，重複精煉過後的製品。而類似薄膜內部空隙這種內在的缺陷，可利用溶解加壓等方式盡可能的去除。另一方面，薄膜一經裝載便無法溶解，因此可能會在內部殘存缺陷及歪斜。儘管如此，依然因薄膜具有超薄、超高密度化及超小型化等優勢而普遍被使用。當然，會盡可能的用各種方式（例如熱處理等）減少缺陷。

●薄膜的生成與人搭電車狀態相似
●薄膜的缺陷可用熱處理等方式排除

圖1 多結晶生成時

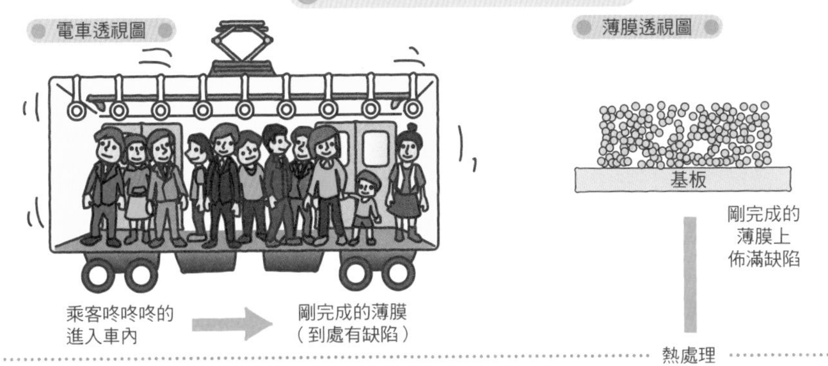

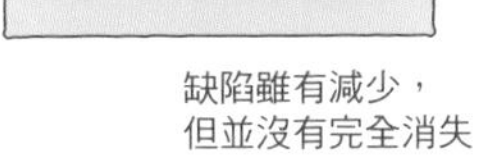

圖2 依照薄膜的結晶構造分類

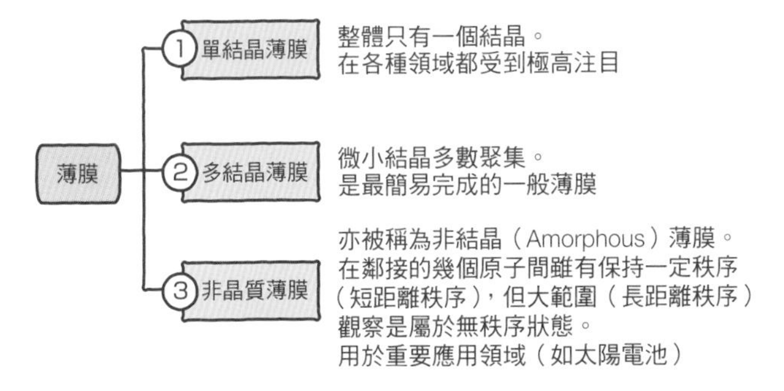

018 僅有薄膜是無法使用的
與基板的結合相當重要

薄膜雖然是專門利用其輕薄的技術，但因為很薄，僅有薄膜是無法使用的。必須要附著在像基板這樣的支撐體上才能使用。因此，薄膜和基板是必須一起製作的。

薄膜和基板結合的方式相當的重要。可分為**化學結合**與**物理結合**。化學結合的代表是**燃燒**。這是透過激烈發熱而堅固的結合。結合後若要使雙方分離恢復到原本的狀態，需要非常大的能量。薄膜和基板的結合就像是這樣強勁難分的結合。

另一方面，貼近我們生活的物理結合實例，包括寒冷天氣時佈滿霧氣的玻璃窗。這種結合較弱，稍微加一點熱，只要使它有一點點微熱，水分立刻就被分離開來。

從化學反應式的**媒介（bond）**來思考，化學結合是利用物體表面的原子或分子的媒介有空缺來進行結合（如，共用電子的共有結合、利用離子間力量的離子結合、聚集金屬間原子的金屬結合等等）。為了使薄膜和基板能夠堅固緊密的結合在一起，有許多可應用的方式，詳細將在（*024*）～（*028*）中說明。

為了讓薄膜的輕薄更容易理解，表1整理了薄膜跟生活實例相比後的結果。廚房用品的保鮮膜、鋁箔紙、工藝用金箔等，在我們生活周遭這類輕薄的物品相當繁多。這些是透過壓滾方式來使原始塊材變為扁平的物品。另一方面，裝飾品中的金電鍍等，是用膜層層包覆才逐漸製成的。前者比較不擅於輕薄，以「膜」或「**箔**」稱之；後者較不擅於厚，以「電鍍膜」稱之。薄膜最常使用的範圍是100nm左右，即便和毛髮直徑或病毒相比較，依然是薄膜較小，由此可知薄膜之微小輕薄。

●薄膜是有基板後才首度派上用場
●與基板進行化學結合後能製成強韌的膜

圖1 物理結合與化學結合

寒冷天氣時起霧的玻璃窗→物理結合

立刻能分解

燃燒柴火等→化學結合

分解需要大量的能量

表1 膜的種類及可製成厚度

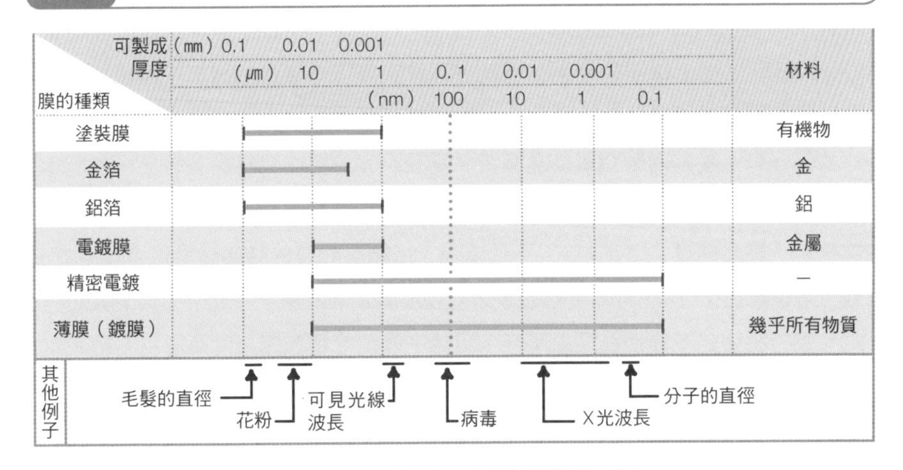

能製成比病毒大小還要更薄厚度的膜

019 為了製作單結晶膜

鑽石是碳（C）的單結晶品，水晶是二氧化矽（SiO_2）的單結晶品。寶石因為是單結晶品，所以是珍貴的石頭。薄膜也是，單結晶膜無論在電氣上還是機械上，其性能都相當卓越。不管是何種狀況，都沒有能超越單結晶膜的產品。

來看看嘗試製作單結晶薄膜的例子吧。圖1是將單結晶（圖為氯化鉀KCl）放入真空環境中（a），固定其溫度後一邊進行蒸鍍（b）同時拿電磁石吸引鐵，使結晶折斷後露出新的表面（稱為**「劈開」，cleavage**），接著檢查新表面上結成的膜是否是單結晶（c）。

其實驗結果的一部分以圖2及圖3表示。如圖2所示，觀察鉀系列的單結晶和基板的溫度變化，得知一旦大於某個溫度後便能形成單結晶。將此溫度稱為**「磊晶溫度（Te）」（Epitaxy Temperature）**。由此結果首先可判斷溫度是相當重要的。

其次，如圖3所示，檢驗蒸鍍時的真空環境及劈開時的壓力（是在大氣中？還是在真空狀態中？）的關係。推測劈開時在真空的環境較好，而蒸鍍時在超真空的環境最佳（Te低的緣故）。鋁（Al）及鎳（Ni）等確實是如此。但金（Au）和銀（Ag）這類的金屬，卻是在高真空環境時會比超高真空環境更好。這表示水附著在蒸鍍面上比較合適。

如此一來，能判斷製造單結晶膜時，需要將其放置在單結晶基板上，並利用其結晶性來製造（基板若是多結晶或非晶質的話是無法使用的）。這種製作方式稱為**「磊晶成長」**（epitaxy：平行成長，單結晶和膜的結晶體呈現平行狀態）或**「方位配置」**。由此可知單結晶膜只有在被限定的狀態下才能夠生成。其它方式，尚有緩慢的蒸鍍使磊晶溫度低，用電子照射基板表面，將薄膜材料離子化（參照040），施加電力的同時進行蒸鍍等，亦可以確認其效果。

●製作單結晶膜的條件有難度且繁瑣
●製作單結晶膜可利用磊晶（epitaxy）成長方式

圖1 結晶在真空環境中劈開及單結晶膜的生成

a 裝載

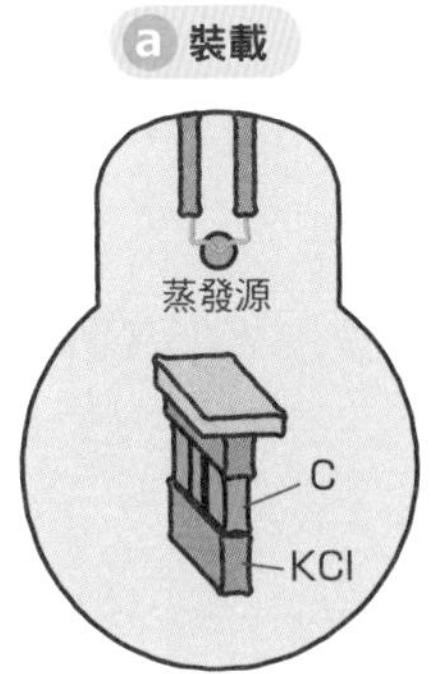

b 利用電磁石劈開（cleavage）

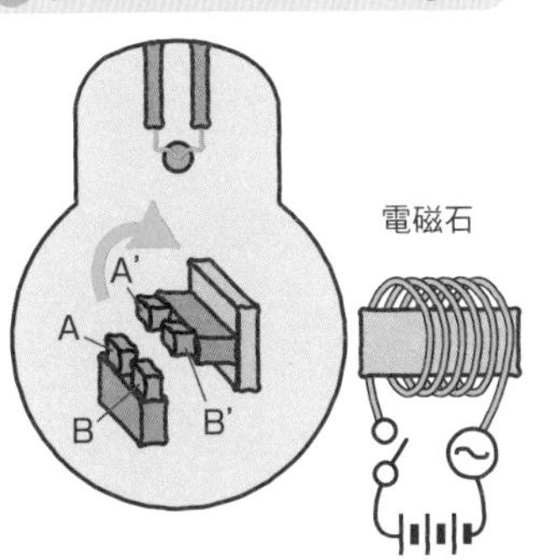

c 蒸鍍

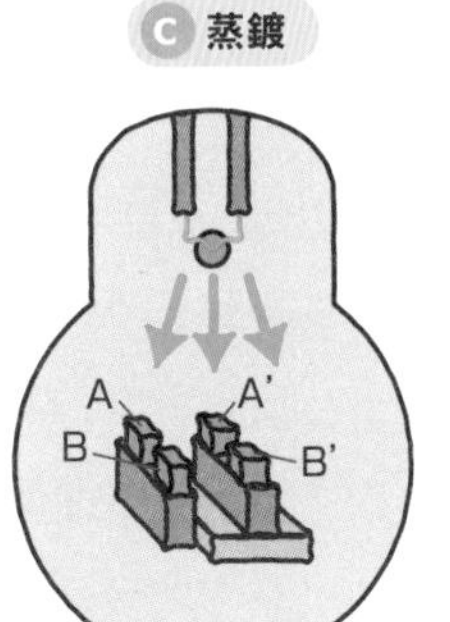

由於在剛劈開（b）的結晶面上裝載薄膜（c），很容易製作單層生成（016的圖1a）的結晶膜

圖2 真空環境中劈開的KCl結晶上的金屬薄膜結晶性及溫度（參7）

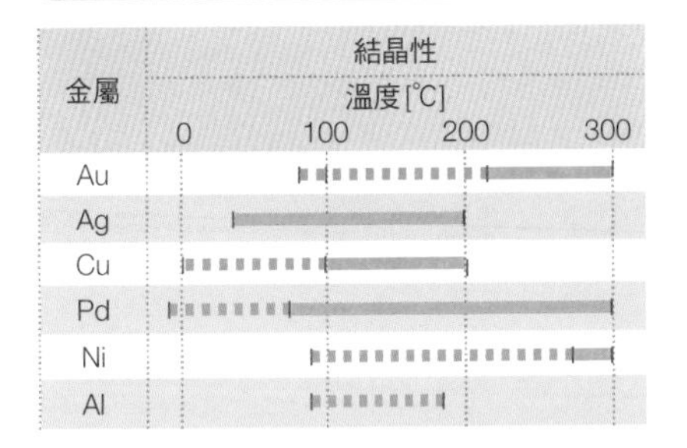

在某溫度（稱為「磊晶溫度」(Epitaxy Temperature)）以上時，質地結晶面上會生成單結晶膜（稱為「磊晶」(epitaxy)）

圖3 NaCl劈開面的金屬蒸鍍膜結晶性及質地溫度的關係（參8）

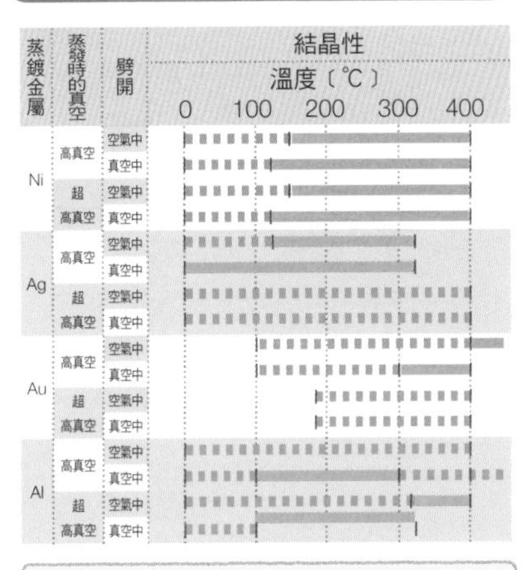

磊晶常在劈開時的真空或蒸鍍時的真空環境中產生。但金、銀（銅）例外

（注）▪▪▪▪▪▪▪▪▪▪：多結晶構造
▬▬▬▬：單結晶構造

COLUMN

先天環境與後天教養

日本古代有一對雙胞胎兄弟出生在大名家（譯者注：「大名」是指俸祿高達一萬石以上的武士）。兄弟倆6歲的時候，因考慮到未來發展，而將哥哥留在大名家內，把弟弟送至宗門撫養。哥哥成了大名家的繼承者，接受文武兩道非常嚴格的指導，以領民為第一優先考慮而終成了一位有名的君主。弟弟則每日過著一菜一湯的簡樸生活，在瀑布下打水，横越巔跛的山路，相當嚴格的律己修行著。經過這樣嚴厲的修行，最後被尊為大僧正。這是先天環境與後天修養都相當卓越傑出的例子。

薄膜，即使從最初Source（氣化源）中產生的是同樣的元素，完成的薄膜製品卻還是會有差異。例如，將鋁的薄膜裝載在玻璃上，通常會變成乾淨又閃閃發亮的鏡子。但假如真空狀態出現一點點問題，則會產生「乳白色」般白白濁濁的情形。對薄膜來說，與「先天環境」相當的，可說是欲製成薄膜的材料；與「後天教養」相當的，則包含Source的種類、基板的材料及表面溫度、真空度（壓力）及其特性（是還原性？是氧化性？還是中性？）、薄膜的成長速度（急速？緩慢？）等許多要素。不僅如此，也跟製作薄膜的人（養育者）的技巧純熟度有關，依照不同的製作方式，生成的薄膜也各有不同。關於薄膜的品質判斷，不要一味的尋求簡單的答案，重要的是，找出其優異之處，並將這卓越部分再次延伸且發揚光大。

薄膜呈現出獨特的性質

薄膜從材料到生成僅需1分鐘左右，是相當短的時間。因此，
呈現出薄膜獨特的性質。薄膜的密度比原始的材料還小，當電阻變大，
經年變化也會變大。重要的是，要瞭解這樣的特性，並克服它的弱點。

020 薄膜的密度變小，厚度也會隨著時間變小

如（016）中所說明，大多數的薄膜，是在短時間中從點→島→含海峽的狀態→連續膜等順序而生成的。如同身邊的材料一般，經過長時間從溶融狀態到反複精煉，能呈現出相當不同的樣貌。

圖1，是膜厚和**密度**的關係例。整體而言，密度當中，塊材約有80%左右，其它20%是空洞。

圖2，是把金放在玻璃基板上在室溫下蒸鍍後，經過10天，檢驗膜厚及電阻率的變化。若只是放置在室溫下，膜厚會變薄，電阻率也會跟著變小。電阻率及膜厚變化的原因，推測是圖1中提到的20%的空洞慢慢地被填補所造成的結果。這種方式製成的薄膜若直接拿來使用，想必會發生不良現象。因此，在能允許的時間範圍內，盡可能的將其放置在比使用溫度更高的溫度環境中，應在薄膜厚度及電阻率都穩定後，才開始使用（這種處理方式稱為「**老化處理**」: Aging，參照017）。

圖3是呈現膜厚與**殘留應力**的關係。這個殘留應力，推測是膜在成長時，靠著島跟島相互吸引拉扯變成固體的過程中，吸引拉扯時殘存下來的力量（膜厚接近20nm時力量最大）。也推測殘留應力可能是島跟島連結在一起時，有氣體被夾在當中，此時這氣體想從島中脫離而引起的反作用力被留存下來。這個殘留應力若不做任何處理讓它就這樣存在的話，將如（032）中所述，會因「**應力遷移**」(Stress Migration，簡稱「SM」）導致配線斷線或IC等電子元件的壽命降低。

由此可知，薄膜的內部在生成時會產生許多缺陷。因此，在製作成產品時，需充分進行熱處理等步驟來修正缺陷，讓薄膜能發揮最大的性能。

●薄膜會有低密度、經時變化、殘留應力等缺陷
●熱處理或老化處理，是修補缺陷的重要方式

圖1 在10^{-5}Pa環境中製成的鉻膜的膜厚及密度的關係（參7）

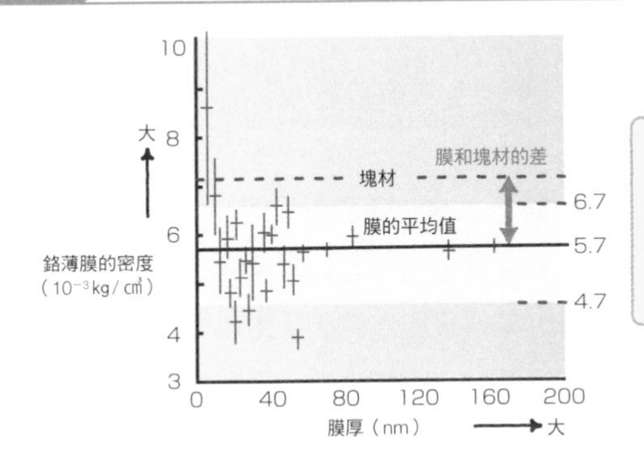

密度大約落在5.7±1之間。大概比塊材的7.2小約79%。這是在基板溫度200℃大氣中加熱2天後所得到的數值。
（最初的大數值推測是測定法的問題）

圖2 金的薄膜的膜厚及阻抗率都隨著時間逐漸變小（參8）

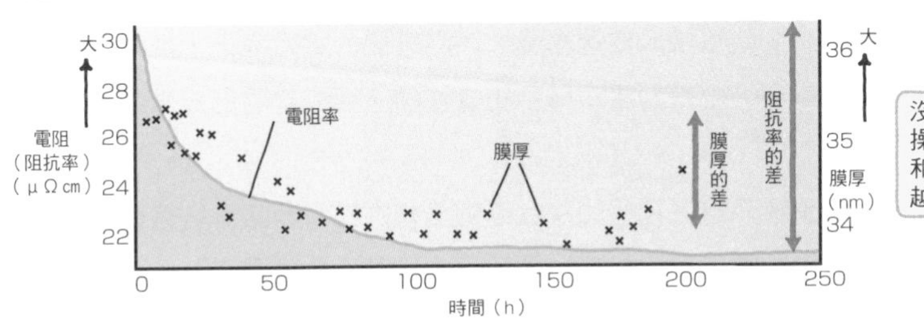

沒有進行任何操作，但膜厚和阻抗率都越來越小

圖3 蒸鍍及濺鍍銀膜的殘留平均應力（參9）

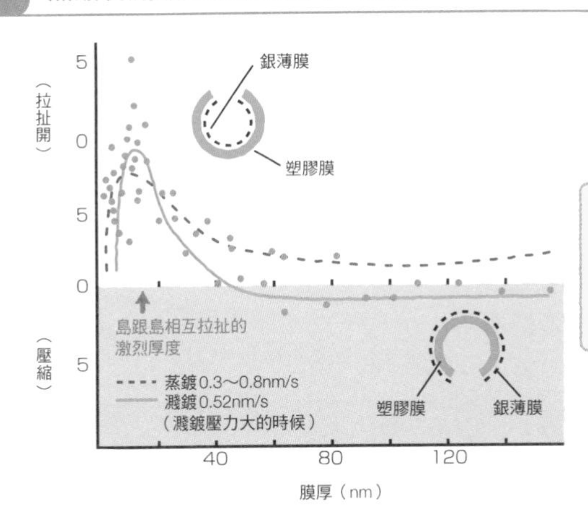

在薄塑膠上裝載膜，一旦取出裝置外，在蒸鍍環境中，塑膠及膜會向內捲起；在濺鍍環境中，塑膠及膜會向外翻起成圓弧狀。代表膜中有殘留應力影響而引起反應

021

電阻會變化，且值比塊材大

如薄膜生成時密度會產生變化，電阻也有很大的變化。圖1是用蒸鍍膜和濺鍍膜來表示金的薄膜的膜厚與電阻率關係的例子。在此也檢視結晶現象並和塊材進行比較。由圖可知，在膜厚較薄的時候電阻率較大，當膜厚到達一定程度時，電阻率會穩定下來，此時的值和塊材的值相當接近，但無論是何種情況，值都會比塊材的值稍微大一些。**電阻率**，若拿單結晶和多結晶互相比較，單結晶的值會比較小；若拿蒸鍍膜和濺鍍膜相比較，濺鍍膜的值會比較小。

由上述可知，無論是採用蒸鍍膜還是濺鍍膜，在膜厚度還很薄的時候，單結晶膜的電阻率比較小，能很快形成連續膜。而濺鍍膜的電阻率低，推測是因濺鍍中從Source（氣化源）出來的原子移動相當快速，而較容易形成薄膜的核所導致。

金屬的電氣傳導是透過電子進行的。金屬的塊材內部有非常多能夠自在移動的自由電子，一旦施加電壓，這些自由電子便會移動而形成電流。只是，電子在流動過程中會與金屬原子產生碰撞等衝突，這會限制了電子的流動。當溫度越高，原子的振動會變得激烈，因此較容易與電子產生衝撞，電阻也會變大。

來思考膜厚與電阻間的關係。當膜厚還很薄的時候，膜就如同島狀，殘留著大片海峽，電子就會像圖2一般，隨著島的連接一山接一山的流過去。如此一來，電阻會劇烈地增強。圖1中膜厚尚薄的反而具有較大的電阻率，就是因為這個原因。當膜一旦變厚，電阻也會趨於穩定，此等同於圖1中膜厚度較大的部份。

●電阻率，是膜厚較小時電阻率較大
●膜一旦變厚，電阻率會跟塊材的值相近

圖1 金的單結晶膜及多結晶膜的膜厚及電阻（阻抗率）(參10)

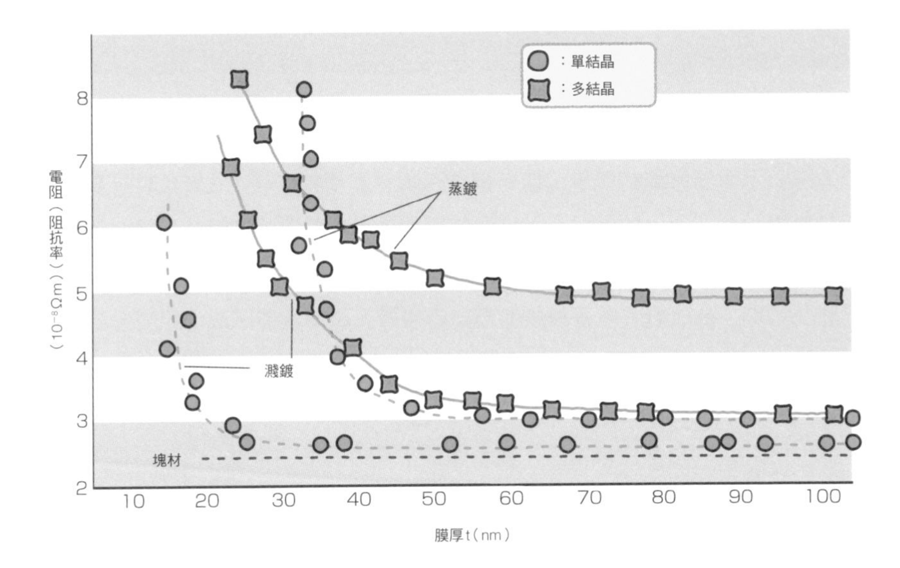

膜形成薄型島狀時，電阻會變大，膜會變厚，但到達一定值後便會穩定下來，比塊材的值要大。
單結晶膜的阻抗比多結晶膜的小。濺鍍的阻抗比蒸鍍的小

圖2 膜厚小的時候，電子會隨著連接的島流動，電阻會變大

022

溫度變化會影響特性
利用老化處理等方式可以克服問題

電阻的**阻抗溫度係數**（Temperature Coefficient of Resistance，簡稱「TCR」）是能夠表示重要性能的係數。阻抗溫度係數，是溫度產生1℃變化時，用以表示電阻變化率（%）的係數。阻抗溫度係數若大，使用此薄膜的系統在溫度變化上就會微弱。因此，製造電阻薄膜，一般來說都會以TCR＝0為目標。為了達成此目標，會改變許多蒸鍍條件及濺鍍條件，盡可能使薄膜的組成達到最適合狀態。金屬塊材的阻抗溫度係數是往右方上升（正），半導體則是朝右方下降（負）。與此相比之下，薄膜並不是個單純容易的技術，其本身是相當複雜的。

圖1，是10^{-3}Pa真空環境中，玻璃基板上蒸鍍的溫度及鈦（Ti）的電阻變化關係圖。膜厚在30nm及40nm的薄膜是朝右方下降，也就是說，它雖然是金屬卻呈現出半導體的特性。另一方面，膜厚達60nm及480nm厚度時是朝右方上升，顯示出金屬原本具備的特性。推測這是當薄膜形成島狀構造的膜薄狀態時，因一氧化二氮（N_2O）等，在化學的活性鈦結晶的粒子與粒子的連接處及表面產生反應，使其呈現出與半導體接近的性質。膜厚一旦變厚，則呈現出金屬的特性。

圖2，表現的是鉻（Cr）蒸鍍時的基板溫度與阻抗溫度係數的關係。由圖可知，根據蒸鍍時的溫度，阻抗溫度係數也會跟著變化。

根據溫度，薄膜的構造會變化為不可逆的。也就是說，即使將溫度調整為原本的溫度，薄膜的構造也無法回復到原始狀態。尤其是膜薄的時候變化特別劇烈。要去除這個現象的方法，是儘可能在高溫中執行包括熱處理等的老化處理。若怎麼樣都無法符合規格，則會變為不良品。

●金屬薄膜的阻抗溫度係數（TCR）是依膜厚產生變化
●搭載膜的時候，溫度也有不同

圖1 依鈦（Ti）蒸鍍膜電阻溫度的變化與膜厚的關係（參11）

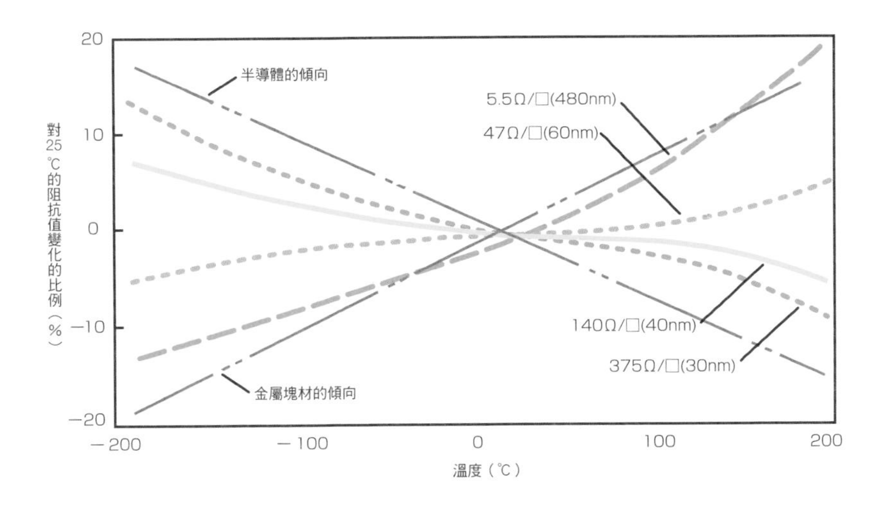

鈦的情況，當膜厚較薄（30nm）時有變化為半導體的傾向（是否是和殘留氣體的反應？），較厚（480nm）時則有變化為導體（金屬）的傾向

圖2 鉻（Cr）蒸鍍膜的膜厚及阻抗溫度係數的關係（參7）

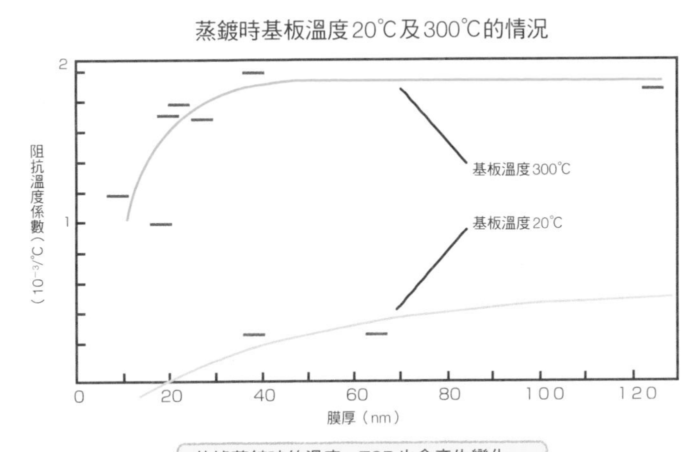

依據蒸鍍時的溫度，TCR也會產生變化

COLUMN

薄膜與基板結合

薄膜，僅單有薄膜，是無法存在的。必須與基板緊密的結合，才能首次發揮「從原子、分子般大小出發的優勢」。

考慮基板問題時，將自己化身為「原子大小般的視線」來觀察是很重要的。一眼望去看似平坦的基板，以原子視線來看，則會有許多原子、分子般大小的溝渠或凹凸。若在這樣的基板上搭載回路，這種細微的凹凸很容易導致斷線。

培養“真摯的友情”，如同人類世界靠著坦承相見建立深厚情誼，讓基板和薄膜緊密相互結合的步驟則是非常重要。有時候也有因彼此出生背景十分雷同而造就一生友情的例子。

如（005）中所述，用原子的視線觀察，在搭載膜的地方（基板）上佈滿了人工的深溝渠或凹槽。相反的，這樣的基板很需要薄膜來協助修正問題。而且並非尋求單純的薄膜，而是要各式各樣的薄膜。

使基板和薄膜緊密結合的技術

在基板上完整且緊密的搭載薄膜，是薄膜利用中基本的基本。
要引導薄膜和基板以化學方式結合，是必須將基板呈現出真正的裸狀。
搭載薄膜時的溫度條件及嚴格選擇欲使用Source的種類，都是非常重要的。
另一方面，以變成薄膜的原子角度來觀察，基板上的搭載點是個險峻的岩石場，
並非是適合生長的地方。在這樣嚴酷的條件下，進行薄膜的製程。

023 基板的平坦性是基本 現在仍持續進步中

站在等身大的鏡子前，可以映照出毫無歪斜的全身姿態吧。即使外觀看起來認為是十分平坦的鏡子，若用薄膜的角度來看，則會出現嶄新不同的樣貌。

以基板代表的玻璃基板表面為例。圖1（a）是利用熔融法（或稱「**融合法**」，**Fusion**）（注）所製作的玻璃基板表面的電子顯微鏡照片。（b）是經過仔細研磨的玻璃板表面的電子顯微鏡照片。熔融法，是在熔解後的玻璃表面上，不添加任何物質亦不使表面被接觸到的一種製板方式。表面即使有一些歪斜，其凹凸半徑也僅落在0.1～0.2nm之間，因狀況輕微，就算以薄膜角度觀察，也認為是相當平坦的。另一方面，因研磨面的凹凸半徑達0.4～0.6nm左右，依照用途的不同可能會產生問題，需要特別注意。此外，對薄膜來說，比起多多少少的歪斜狀況，尖銳的凹凸或傷痕反而更容易導致問題。因為在這種微小傷痕上製作薄膜，凹凸的位置上容易形成穩定核，便不容易製成符合一致的薄膜（c）。

其次，來看看在半導體領域中作為基板使用的矽晶圓製程方法（圖2）。首先，將熔解的矽從鍋爐中緩慢取出的同時，使之生成單結晶棒。之後，將單結晶棒切斷成薄片狀，要使薄片表面呈現平坦狀態，必定需要進行研磨。將表面透過反覆的機械研磨、化學機械研磨、化學蝕刻法等研磨方式，直到可出貨程度的凹凸半徑0.12nm左右才算研磨完成。若要再度加強平坦性的話，可在表面上使單結晶膜生成（稱為「**磊晶成長**」（**epitaxy**），參照019），變為磊晶晶圓。此時平坦度是0.06nm，可達原子程度的平坦值。

●基板的平坦度是原子程度
●基板，比起彎曲狀態，更要注意原子程度的傷痕

注：參照參考書『薄膜作成的基礎4版』（『薄膜作成の基礎4版』）等

圖1 在玻璃表面和薄膜核成長的裝飾

a 用熔融法製作的玻璃表面

b 研磨後的玻璃表面

提供：CORNING股份有限公司
（コーニングジャパン株式会社）

c 沿著研磨的小溝渠而形成的島狀構造薄膜（參9）

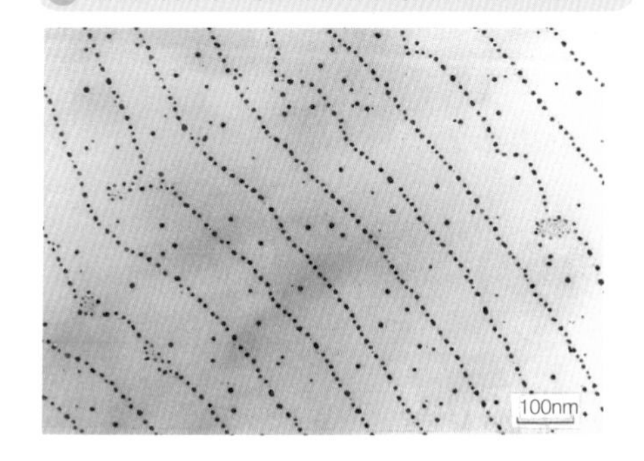

以薄膜角度來觀察，為使基板平坦而研磨的狀態，佈滿了凹凸溝渠或傷痕（b）。沿著這些傷痕，開始製成薄膜（c）

圖2 矽晶圓

由棒狀一片片切割下來的晶圓，普遍是透過研磨來成型。想要使其更加平坦，可在上面搭載單結晶膜

提供：SUMCO股份有限公司
（株式会社SUMCO）

024 運用前置處理使基板呈現裸狀

一旦瞭解薄膜獨特的性質後，為了加強薄膜搭載在基板上的步驟，並實現薄膜和基板的化學結合，該如何選擇Source（氣化源）和基板將成為重要課題（參照018）。要實現其化學結合的方法，首先要使基板完全呈現裸狀，去除薄膜和基板間的微小細塵、汙垢等雜質。一般來說，稱這個步驟為「**前置處理**」（放入真空裝置前的處理）。當基板和薄膜直接接觸，除了可能有汙垢等雜質附著之外，亦會產生首次的化學結合。必須使用精密測定器確認基板是否達到裸狀，這個步驟非常重要。

圖1表示前置處理中重要的項目。包括使用各種物理式洗淨法（施加外力來將雜質去除）及化學式洗淨法（利用酸、鹼等物來溶解表面）。在這當中最常被使用的，是在液體裡利用30kHz左右超音波的**超音波洗淨法**。其執行成果如圖2所示，是能將鋁箔削減的強力清洗法。這種強勁的清潔力與清潔劑併用，能使基板表面達到裸狀程度。但是，在超微細製造過程的最新設備中，這個清洗法力量太過強勁，有削減到裝置的危險。因此，在這種情形下，需與達1MHz超頻率數的超音波洗淨（稱為「**Megasonic 洗淨**」）法結合使用。這個方法對於去除不要的小片微粒（particle）也相當有效（圖3）。普遍來說，去除玻璃板雜質時，上述兩種洗淨法都會使用，而像矽基板這種原本就被管理的很仔細的物品，則僅使用Megasonic洗淨法。

實際上，金屬或半導體這種基板的表面，即使只經過短時間，跟大氣接觸時，便會自然的產生自然氧化膜。這就必須要仰賴酸或鹼的化學式洗淨法來清除雜質。薄膜相關使用者及研究者，將這種清洗戲稱為「剝一層皮」。

●使基板呈現裸狀可加強與薄膜的化學結合

圖1 為加強與薄膜的結合所需要的前置處理（主要為洗淨及乾燥）

物理式洗淨	乾燥
梳髮式的擦洗法　超音波洗淨法* 噴砂洗淨法（Wet Blasting） 液體噴射洗淨法 電漿式洗淨法*	用空氣刀乾燥* 用高速旋轉（Spin，旋轉）吹散* 熱風乾燥　真空乾燥　紅外線乾燥
化學式洗淨	**置換乾燥**
用清潔劑、溶劑清洗* 用酸、鹼等洗淨* 用機能水（氫水、臭氧水、電解離子水）處理 用準分子雷射（excimer laser）處理*	用類丙醇（isoprophl alcohol）蒸氣製成的水進行置換乾燥* 馬南根尼（Marangoni）乾燥法*

*記號為較常使用的方式

圖2 超音波洗淨

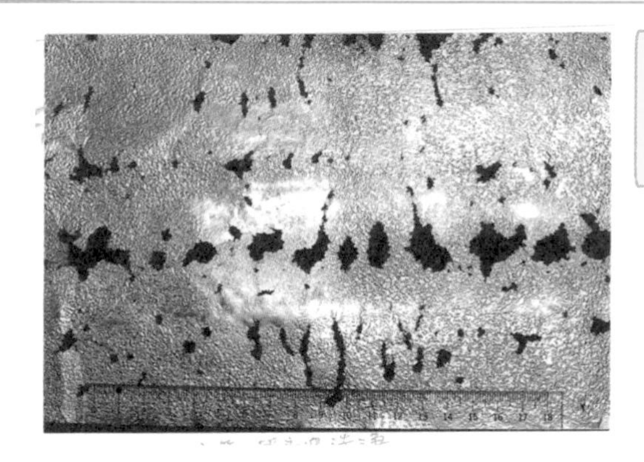

超音波洗淨侵蝕的鋁箔（25℃的地下水中，26kHz，處理45秒）。因為力道很強，鋁一片片被削減

提供：Kaijo股份有限公司（株式会社カイジョー）

圖3 Megasonic洗淨

提供：Kaijo股份有限公司（株式会社カイジョー）

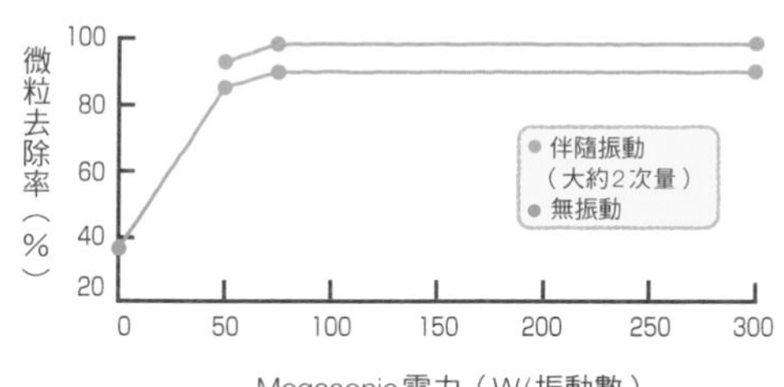

使用Megasonic清洗法，在適當電力下，幾乎可以完全去除微粒（APM：阿摩尼亞水。例如NH_4：1、H_2O_2：4、超純水：20）

025 前置處理的最後修飾是乾燥 若怠慢乾燥步驟，所有努力都會化為烏有

即使是仔細擦拭過的玻璃窗，也會在無意間殘留丁點大的污漬。這大部分是因為下雨的時候雨滴附著在玻璃上，雨滴溶解大氣中許多物質（有時候是砂或塵附著），而天氣放晴水分蒸發後，溶解後的物質殘留在玻璃上進而形成污漬。在前置處理上也同樣容易發生這種狀況。

前置處理的最後修飾是乾燥。仔細洗淨的玻璃板上若有殘留1滴水滴，蒸發後便會留下污漬。因此，立刻進行全面乾燥是相當重要的。乾燥方式很多，包括使用乾淨的空氣進行噴射吹拂（空氣刀）、運用高速迴轉的離心力把雜質甩開（spin，旋轉）、將垂吊在酒精蒸氣中的基板，用類似無塵室的清淨空氣瞬間噴吹使其乾燥的**酒精蒸氣乾燥法**等各種方式（參照024的圖1右圖）。

對於數m×數m的大型基板（製作薄型電視機而使用的液晶面板的玻璃板等等）的乾燥，則是採用**馬南根尼（Marangoni）乾燥法**（圖1）。在大型常溫的純水槽中放置基板，將基板從上方注滿酒精蒸氣的空間中緩慢地吊起來。利用酒精在冷卻的基板表面上變為液體緩慢的滴落下來而將表面清洗乾淨。基板在加熱時移動至乾淨的空間中，表面上附著的酒精會瞬間被蒸發而達到乾燥效果，如此一來乾燥步驟即完成（和酒精蒸氣乾燥法相同原理）。

用X光線分析表面，可知有殘留非常微量的有機物（圖2中a的高點處）。雖然大部分是沒有問題的，但若想要將這些有機物去除，可以採用水銀燈（紫外線很有效）或雷射光照射，幾乎可以完整除去殘留的雜質（圖2中b和c）。

●前置處理的最後修飾是乾燥
●一怠惰，一切就會化為烏有

圖1 馬南根尼（Marangoni）乾燥法

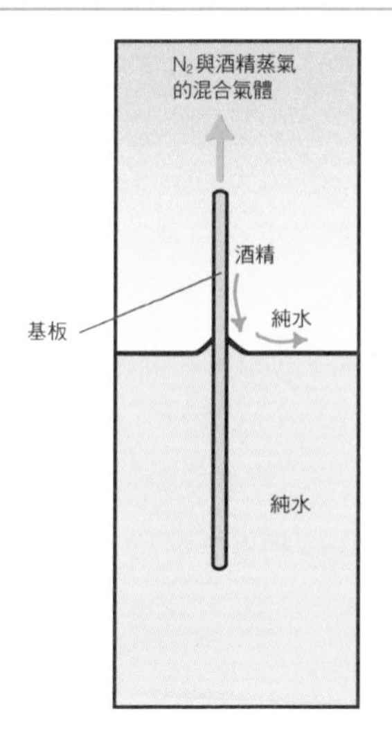

將純水中放置的玻璃基板取出到酒精蒸氣中，基板表面會被酒精變成液體後滑落的水珠洗淨。將基板移放至乾淨的環境裡，酒精會瞬間被蒸發（酒精蒸氣乾燥），而使基板表面呈現裸狀

圖2 利用準分子雷射光（excimer laser）照射來減少無鹼玻璃上的有機物

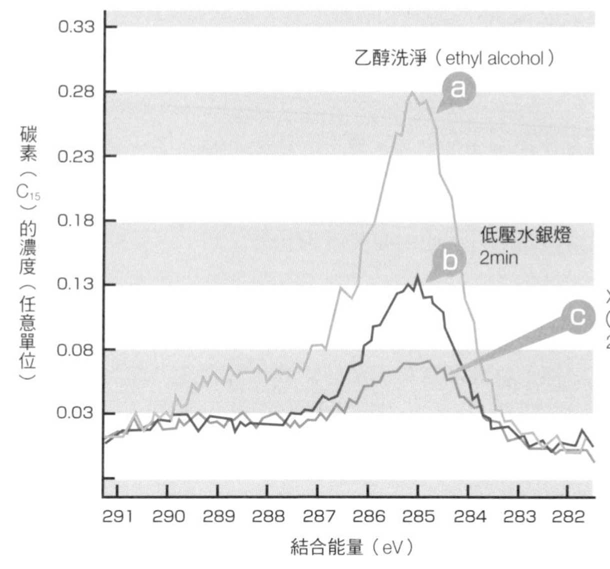

a：乙醇洗淨後（殘留不少有機物） b：用低壓水銀燈的光線照射2分鐘（大幅減少） c：用Xe準分子光照射2分鐘，更加大幅減少

提供：Ushio Inc.
（ウシオ電機株式会社）

026 增強附著強度的薄膜製造法

即使竭盡所能把基板洗乾淨，卻有依然無法完全去除污漬的情形（025圖2）。基板與Source（氣化源）進行最初的作業，是在真空環境中加熱基板。如此一來，①水或有機溶劑等在高溫下容易蒸發的物質會從基板分離，且②高溫環境下薄膜材料與基板較容易引起化學反應。

圖1，是以拉倒黏附著薄膜的圓筒棒的力量，來尋求薄膜和基板**附著強度**的結果（拉倒力量越大附著強度也越大）。透過該圖也可得知，隨著溫度上升，附著強度也會急速增強。

即使加熱，也可推測基板表面尚未呈現完全潔淨狀態。這時，將基板放置到電漿中，一邊去除有髒污的薄皮，同時可使表面產生活性化反應。這是因為基板浸入電漿後，基板的表面帶有負電極，為了中和這個現象，正離子便會流入，同時與基板表面進行碰撞中和。透過這個作用，表面如同被濺鍍（參照044）般洗淨，產生活性化反應，溫度也跟著上升（此現象稱作「**爆發效果**」）。如圖2所示，僅需幾乎來不及測量般的短短3～6分鐘，即可得到強勁的附著強度。

對於塑膠膜，同樣可以產生極強大的效果。如圖3所示，膜在冷水滾動迴轉中進行作用的同時，利用電漿產生爆發效果，隨後立即用濺鍍法鋪上薄膜。檢驗變更爆發時離子的種類與時間所得到的附著強度變化值（圖4），可得知在短時間當中便有強韌堅固的附著能力。如此一來可得知，若要強化附著能力，以下幾種方式非常有效：①在鋪上膜的時候提升溫度、②放入接觸金屬（contact metal，如Cr、Mo、Ti、W等，在膜和基板間附著力較大的金屬的膜）③裝載膜之前先放置在電漿中。

●實現強大化學結合的方式，首先要提高溫度
●利用電漿處理或接觸金屬輔助等也很有效果

圖1 達到附著強度的板溫度效果（參12）

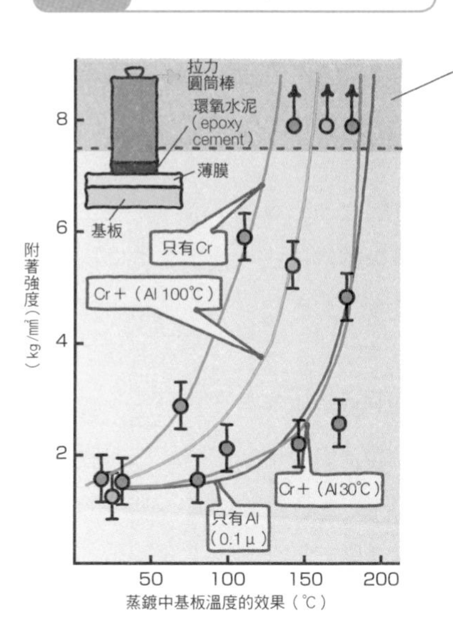

太強大以致於無法測量的範圍

（Al 100℃）是表示Cr蒸鍍後，Al蒸鍍時溫度是100℃的意思。首先先提高溫度。溫度（橫軸）一提升，附著強度（縱軸）便會急速增大

圖2 達到附著強度的爆發性的效果（參12）

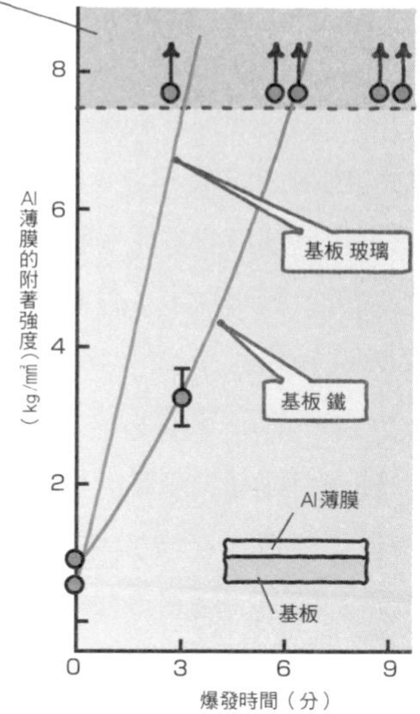

Al薄膜的附著強度（kg/mm²）

8

6

4

2

基板 玻璃

基板 鐵

Al薄膜

基板

0 3 6 9

爆發時間（分）

放置在電漿中僅需短短數分鐘附著強度便會增加

圖3 膠膜塗布機（Film Coater）（參13）

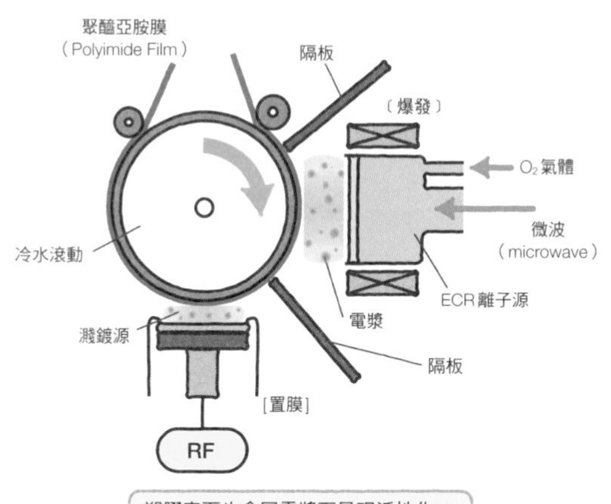

塑膠表面也會因電漿而呈現活性化。對塑膠膜亦有極大效果

圖4 離子種類及附著強度（參13）

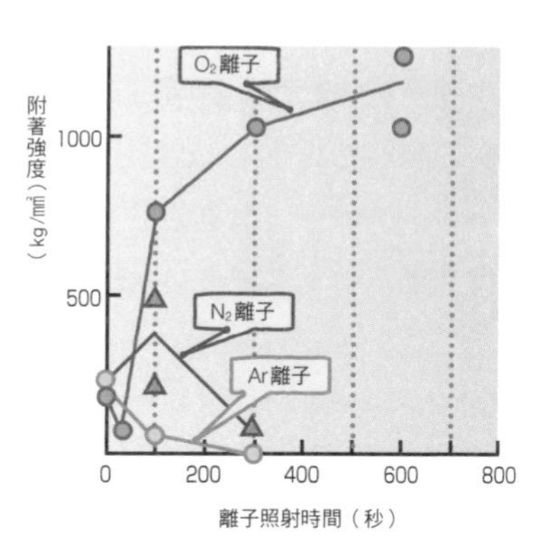

對塑膠模板氧離子較有效

027 變更Source，可加強附著強度

即使嚴格的要求前置處理方式、基板溫度、製膜條件等，一樣可能有無法製成強韌薄膜的情況。尤其是像塑膠等基板溫度無法提升的狀況下最容易發生。遇到這種情形，重新檢討所使用的Source是一個有效的方式。接下來要介紹不提高溫度的情形下，在基板上搭載薄膜時附著強度的調查結果（在酒精中進行超音波洗淨）。

如圖1所示，在基板（玻璃）上把搭載薄膜的試驗料放置在試料台上，裝好法碼使針碰觸到薄膜，再轉動把手壓住試料台上的試驗料。在不強韌的薄膜上會留下傷痕（刮痕）。在圖2中記錄了法碼重量與**膜面劃傷**（傷痕、刮痕的長度）的關係。由圖可知，用銀（Ag）、鎳（Ni）、二氧化矽（SiO_2）等製成的薄膜，使用濺鍍法（虛線）比蒸鍍法（實線）的附著強度大。雖然並沒有詳細的探究這個差異的造成原因，但推測是因為濺鍍法會將載膜的基板放置在電漿裡10分鐘，此時會產生離子爆發、乾式洗淨、溫度上升等有益的自然條件，這會使濺鍍原子比蒸鍍原子以快數十倍的速度滲入基板中。從這個現象看來，可說在不加熱而必須裝載薄膜的狀況下，濺鍍法比蒸鍍法更具有優勢。此外，離子鍍法（Ion Plating）能使原子更加加速，可得到很好的效果（參照028、040、041）。

膜不夠強韌容易脫落的問題，始終困擾著薄膜相關人員。這時，嘗試變換搭載薄膜的方式（Source）也是相當重要的。

如上述例子，濺鍍法比蒸鍍法黏著性佳。但，若如（028）一樣能採用各種條件進行時，則薄膜和基板的屬性相合最重要。

●無法升高基板溫度時，濺鍍法較有效果

圖1 硬度測試機（參14）

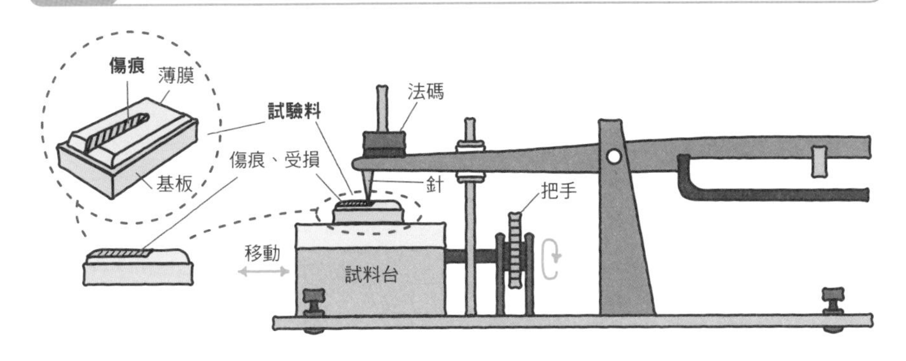

變換大、中、小法碼，左右移動試料台，會使膜受損

圖2 各種膜面劃傷（scratch）強度（參14）
（以速率20nm/分的速度，進行10分鐘，計200nm的膜厚）

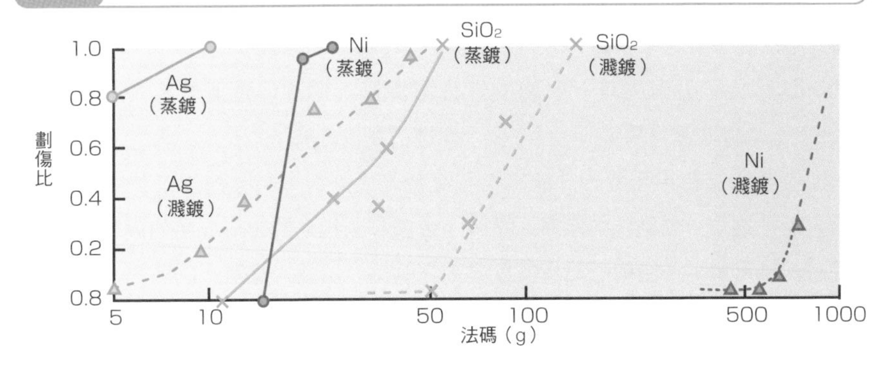

所謂的劃傷比，指的是假設長度a刮擦時b脫落，即為（a-b）/a。比起蒸鍍（實線），濺鍍（虛線）的劃傷比較小，可知其強韌地粘著著

028

裝載膜片時什麼都能進行時 薄膜和基板的屬性相合最重要

（027）是有限制製膜時條件的狀況。但，可採行各種前置處理、基板溫度、Source選擇等最好條件的情況下又是如何呢？

在宇宙站等大氣圈外（可以說真空中）進行動作的機械回轉等部份的潤滑，是無法使用油類的。因為油會蒸發。這種狀況下，可在軸與軸承間，使用金等軟性金屬的薄膜來替代油類潤滑。這時，若金的薄膜沒有緊密黏著在軸（或軸承）上，則立刻會喪失其潤滑性。因此，良好的附著性是不可或缺的要素。在此背景下，也開始進行了附著力相關的研究。

方法如圖1所示，在不鏽鋼板上裝載金膜，用1kg的力量按壓在金膜上的鋼球，使鋼球在接觸摩擦處（虛線）的速率達10cm/秒進行迴轉，測量迴轉時所需力度來評估摩擦（係數）（圖2）。

鋪膜片時，必須先統一對膜的性質影響最大的爆發性溫度上升（5分鐘125℃）之後才進行製膜。以圖2表示摩擦的測量結果。

從這些測量結果可看出3種方式並沒有太大差別，勉強說起來是按照蒸鍍法、離子鍍法、濺鍍法的順序。這時，金膜和圓板之間會形成金的擴散層，由實驗結果可知，此金的擴散層支配著附著強度。若統一爆發式的乾式洗淨（在製膜前使圓板呈現完全裸狀）及製膜溫度的話，則附著力不會呈現明顯差異，反而是由薄膜和基板材質決定附著強度。較強的黏著力可以用以下的試驗決定。

（1）基板的前置處理

（2）製膜前因基板電漿所引起的爆發及加熱

（3）製膜時的加熱

（4）在質地間放入接觸金屬（Cr、Ni、Ti、Ta、Mo、W等）

●進行加熱或爆發並不會造成明顯差異
●什麼皆能進行時，基板和薄膜間化學結合的屬性是否相合很重要

圖1 不鏽鋼上金膜的耐磨損耗試驗

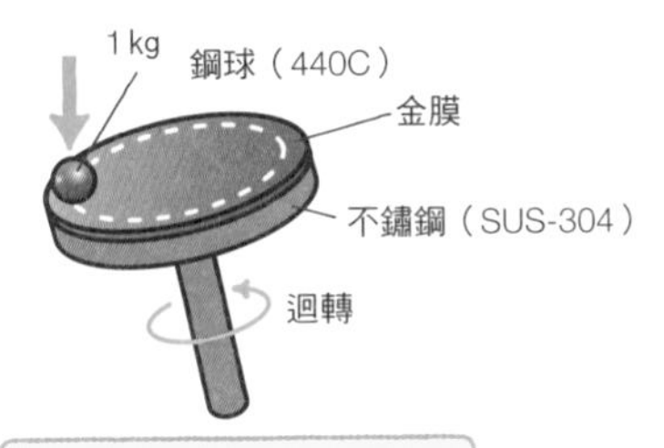

在真空中迴轉時，膜會破裂，
摩擦會變大

圖2 在蒸鍍法、離子鍍法、濺鍍法中金膜（SUS-304）的滑動摩擦特性（參15）

a 蒸鍍法（10^{-4}Pa）

離子爆發時間
5min
10min
15min
20min
膜的斷裂
摩擦（係數）
摩擦次數（次）

b 離子鍍法

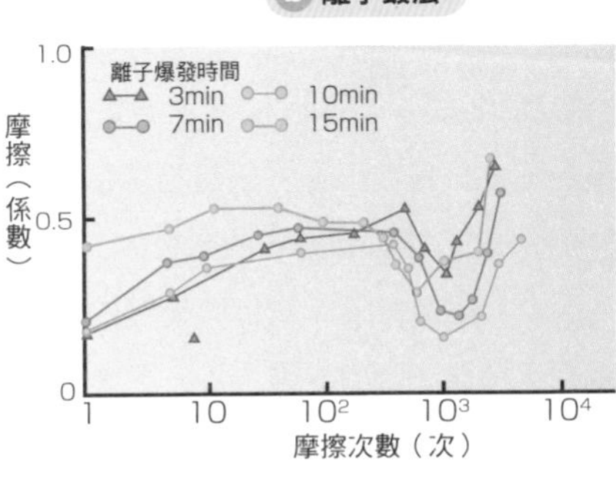

c 濺鍍法

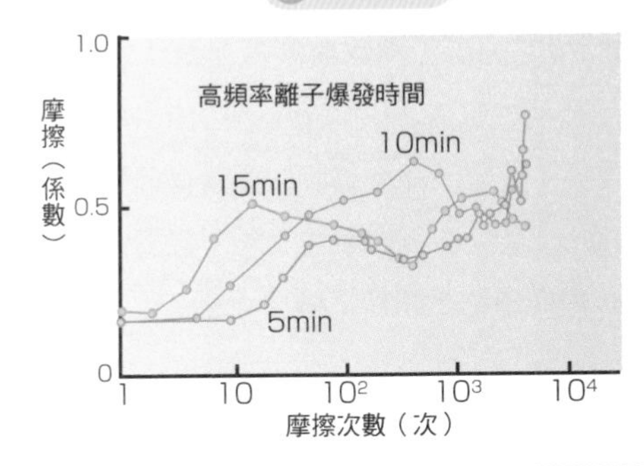

摩擦一大（係數達0.6左右）金膜
就會斷裂

從圖中，不認為這3類型的方式有明顯的差異。硬要比較的話，濺鍍的摩擦性稍微差一點。
現在材料已經陸續進步，壽命約可延升10^6次左右

029 著地點是個險峻的岩石場

在產生Source（氣化源）變成原子著地點的基板表面，雖然也有平坦的地方，但如岩石場般險峻的部位較多。例如，在（005）圖2的超LSI斷面相片中，位於電晶體左右兩側的直立細長配線線路，稱為「接觸容量」。這個配線線路雖然是用銅（Cu）或鋁（Al）製作而成，但是是把薄膜深入接觸到用二氧化矽（SiO_2）開的孔的直徑近10倍的深孔中（稱之為埋入）。這些在一個IC上大約有多達1兆個，也有很多其他的電晶體，宛如一片荒野的模樣。深孔的形狀，以圖1的**圖像高深寬畫面比例**（Aspect Ratio，簡稱「AR」）表示。

隨著回路的進展，圖像高深寬畫面比例（AR）也漸漸變得越來越大。若想要提高回路密度的話，就只好縮小橫方向的尺寸（縱方向經常因為要確保電氣的耐壓而無法縮小）。孔的底部有電晶體或是配線線路。孔的埋入步驟是相當重要的工程，目前正進行著氣相沉積法（CVD）（055）、濺鍍法（053）、電鍍法（064）等各種製作方式的研究。

圖2，是在利用二氧化矽鑿開的圖像高深寬比（AR）4的超微細孔中，使用氣相沉積法（CVD）埋入（充塞填入）鎢（W），用以進行配線線路的範例（參照060）。埋入的程度，用圖1的**覆蓋性**（Coverage，被覆蓋程度）表示。表面薄膜的厚度如果和洞孔底部的厚度相同的話，則**底部覆蓋範圍（Bottom Coverage）**為100%。側面如果也是相同情況的話，則**側面覆蓋範圍（Side Coverage）**也是100%。圖3和圖4是利用自發性濺鍍（Self Sputter）所引發底部覆蓋的範例（參照046）。當真空程度越高，覆蓋性就會越好。要獲得較佳的覆蓋能力，需要透過孔的形狀（高深寬畫面比例）、前後的製作工程、經濟性等總體的綜合判斷才能決定。雖然是這麼說，這條道路是相當險峻且崎嶇難行的。

●產生Source的原子著地點險峻的情形較多
●埋入的程度以覆蓋性（Coverage）表示

圖1 圖像高深寬畫面比例（Aspect Ratio）AR＝d/c

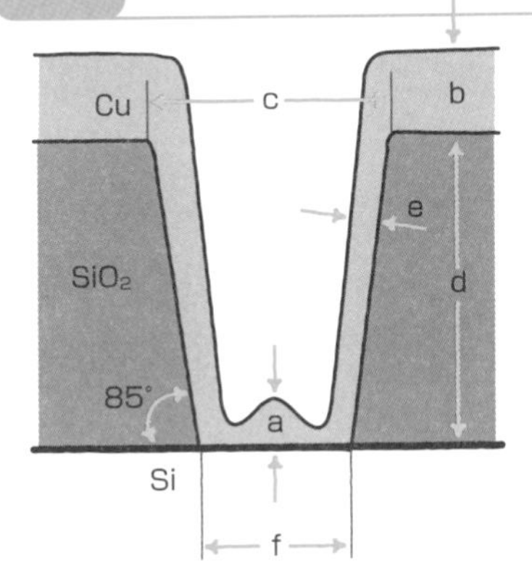

底部覆蓋範圍（Bottom Coverage）＝**a/b**
側面覆蓋範圍（Side Coverage）＝**e/d**

（在側面覆蓋範圍只是單純屬於階段狀態時（左側尚未形成壁狀時），有時候也會稱為階段性覆蓋範圍或階梯覆蓋能力（Step Coverage））

圖2 毯狀覆蓋層CVD-W膜

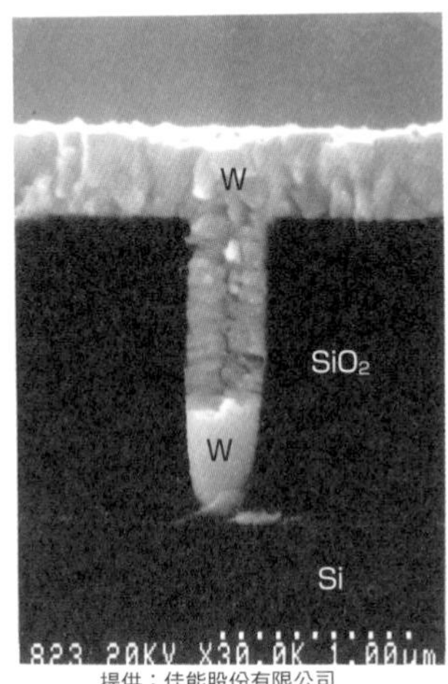

提供：佳能股份有限公司
（Canon ANELVA Corporation）

在**Si**上方SiO_2開的孔中，以及SiO_2的表面，使薄膜能均等地成長平坦化。之後，用蝕刻法去除孔的上方部份，製作連接孔上下雙方的配線線路（稱為**W**連接插頭）

圖3 自發性濺鍍產生的底部覆蓋範圍（bottom coverage by self sputter）（100%得到）（參36）

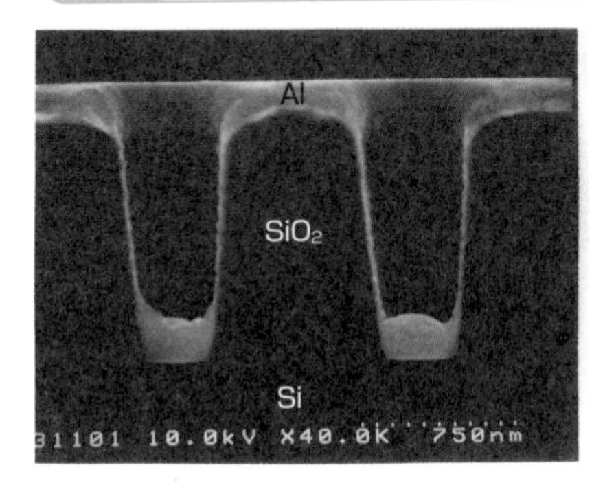

P＝3×10^{-3}Pa，d＝0.6μm，
圖像高深寬比：2，膜厚0.2μm

圖4 壓力高的自發性濺鍍產生的底部覆蓋範圍（30%）（參36）

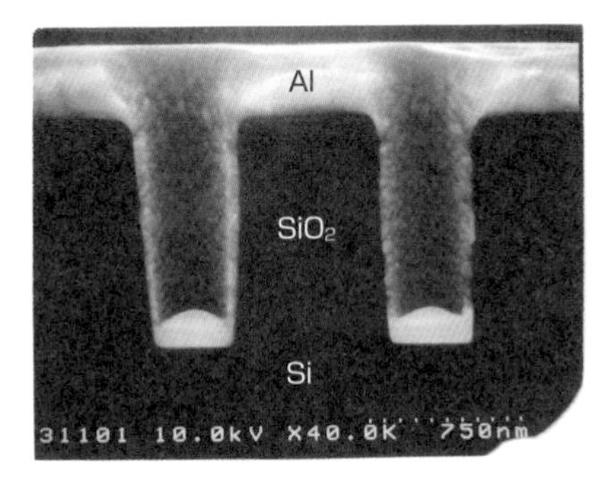

P＝3×10^{-1}Pa，d＝0.6μm，
圖像高深寬比：2，膜厚0.2μm

壓力高的自發性濺鍍較壓力低的自發性濺鍍所產生的底部覆蓋範圍要佳

030 得到期望薄膜的組成比例

在調配欲製作薄膜的合金組成比例或是化合物時，即使下了很多工夫，在製作薄膜過程中若產生組成變化，所有的工夫也瞬間全部化為泡沫。例如電阻器的鎳鉻合金（鎳Ni和鉻Cr的合金）、低電阻溫度係數電阻器建議合金（銅Cu、鎳Ni、錳Mn、鐵Fe的合金）、超導電材料（釔Y、鋇Ba、銅Cu的氧化物）等，想要做成多成分合金或多成分化合物薄膜的情況也很多。這時候所耽憂的是，從放入Source的材料中，是否可以提煉出目標組成比例的薄膜。當然，單一組成比例的情況下，用什麼Source材料都沒有問題。

如圖1，以想像的方式，推估**食鹽水的蒸鍍法**和**濺鍍法**的實驗結果。蒸鍍法的情況下，雖然只能形成水的薄膜，但濺鍍法的狀況時，以小石頭扮演的離子會把食鹽水批哩啪啦的濺起，直接在基板上形成食鹽水的膜。可推測，在蒸鍍的時候較容易引起成分變化，而濺鍍的時候比較不容易產生成分改變。實際上的狀況又是如何？

圖2，以鎳鉻合金（鎳1：鉻0.36）為代表，顯示出依蒸鍍時間所引起的組成變化結果。儘管Source當中鎳約有3倍之多，但初期可做出的膜多數是鉻的膜，到結束時才幾乎做出的都是鎳的膜。這是因為鉻比較容易蒸發。相較於蒸鍍法的結果，圖3的濺鍍法範例，則幾乎沒有產生組成變化。到目前為止完全符合預設的實驗結果。一般來說，蒸發會使組成產生變化，因此把合金材料做成粒狀，利用瞬間使合金材料一個個以顆粒狀被蒸發的方式作為因應對策。即便一個個顆粒中引起如圖2般的狀況，以整體而言依然會形成質地均勻的膜。將這種方式稱作**快閃式熱蒸鍍**（**Flash Evaporation**）（圖4）。詳細說明請參考薄膜相關的參考書籍。

●蒸鍍法，容易引起組成變化
●濺鍍法，不易產生組成變化

圖1 食鹽水的蒸鍍（左）與濺鍍（右）的差異

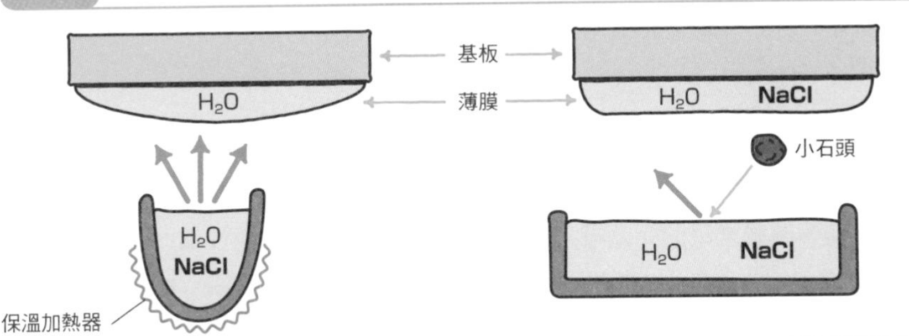

蒸鍍中只有水份被蒸發，可製作水的薄膜

濺鍍中水份和鹽份都會飛散，可製作食鹽水的薄膜

圖2 鎳鉻合金（Nichrome）蒸鍍膜的成分變化（參16）

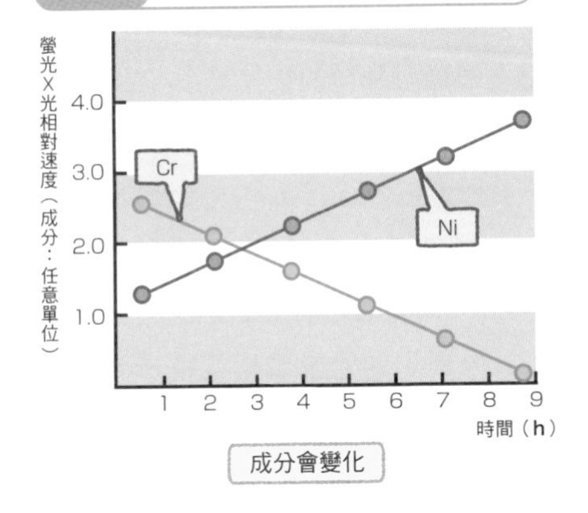

成分會變化

圖3 20Ni-80Cr（左）及58Ni-42Cr（右）的濺鍍膜成分（參17）

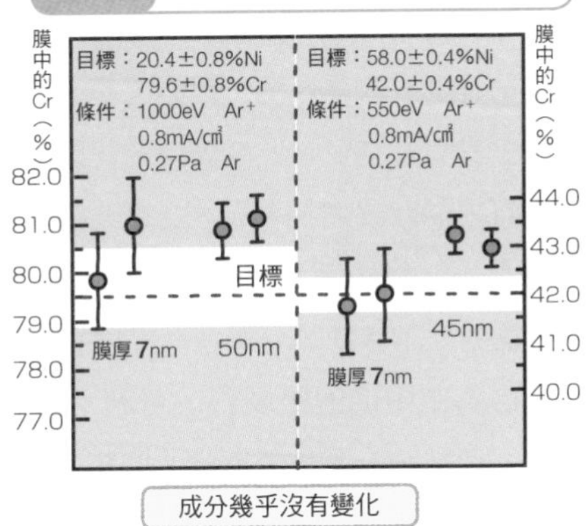

成分幾乎沒有變化

圖4 快閃式熱蒸鍍（Flash Evaporation）實例

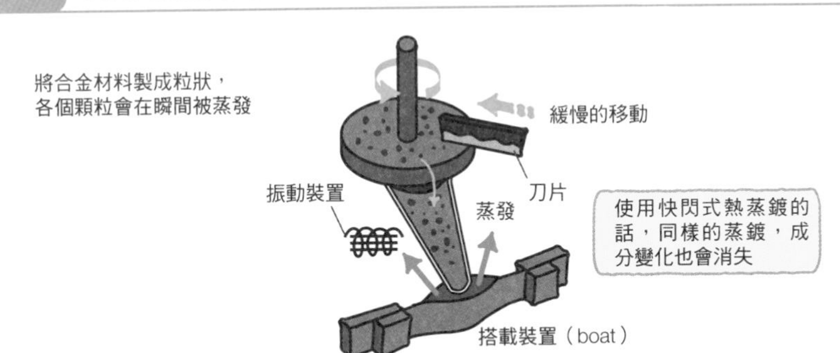

031 製作大面積回路用的非結晶薄膜進行多結晶化

在我們生活周圍的大面積薄型裝置（回路裝置）已大量增加了。舉凡，被視為再生能源明日之星的太陽電池、特大銀幕的薄型電視、影印機的感光滚輪等等。利用在這些項目中的秘密武器，是一種稱作**非結晶**（**Amorphous**，**非晶質**）的薄膜。

非結晶物，雖然具有和結晶物不同的構造，但並不是指原子一個個無秩序的隨意排列。以正前方左右相鄰的原子視野（短距離秩序）觀看，原子間是保有秩序的，以約數十個原子的巨大視野（長距離秩序）觀看，則是無秩序的原子排列。也就是說，從數個原子集中而成的小集團是具有規則性的，但大全體而言則是紊亂無秩序的。因為它不具有單結晶、多結晶那樣的結晶構造，對熱源多少具有不穩定性，在廣泛的範圍中能夠獲取均質的材料是非結晶膜的特徵。大氣中的狀況如圖1所呈現的一樣，是將溶融狀態較特殊且容易成為非結晶的材料（矽金AuSi、$Cu_{40}Zr_{60}$、$Ni_{78}Si_{10}B_{12}$等），利用急速冷卻的冷水旋轉滚輪，一邊進行壓薄步驟，一邊進行每秒從1萬℃降低至100℃的急速冷卻步驟。

在真空中的薄膜製程，可利用如（055）中提到的電漿氣相沉積（CVD）法、蒸鍍法、或是濺鍍法。這些的基本本質都是運用急速冷卻的方式，因基板溫度保持低溫狀態，因此能夠製作出非結晶膜（參照017等）。非結晶薄膜，作為半導體時，電子的移動度極小，就算完成大面積化，性能也仍有不足。因此，將非結晶薄膜進行多結晶化，可獲得高性能的大面積多結晶薄膜。圖2是表示在非結晶物上照射雷射光線進行多結晶化的範例。憑著這樣的技術，將電子的移動度設定為數倍，對於提高液晶表示元件或薄型電視的精彩度皆非常成功（參照058）。圖3即為這個裝置的範例。

●非結晶物雖然對熱源有不穩定反應，但能夠輕易製作大型物品
●巨大面積的基板，常利用非結晶膜的多結晶化

圖1 大氣中的非結晶膠捲製作方式

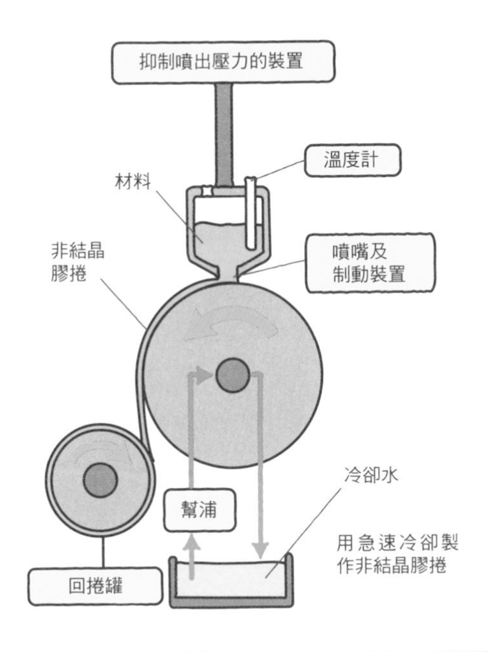

圖2 非結晶矽的多結晶化

雷射 240mj/cm²

1μm

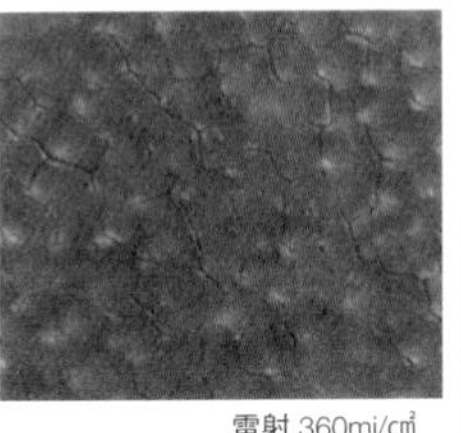

雷射 360mj/cm²

（照射條件）
基板溫度：室溫
電子束形狀：
220×0.04mm
基板運轉速度：
0.02mm/shot。

適當調整雷射力量，可如下圖般達到多結晶化（可看見粒子結晶境界）。上圖因力道不足，幾乎都變為非結晶體。

提供：日本製鋼股份有限公司
（株式会社日本製鋼）

圖3 抽象非結晶膜透過雷射光線而成多結晶化的裝置例

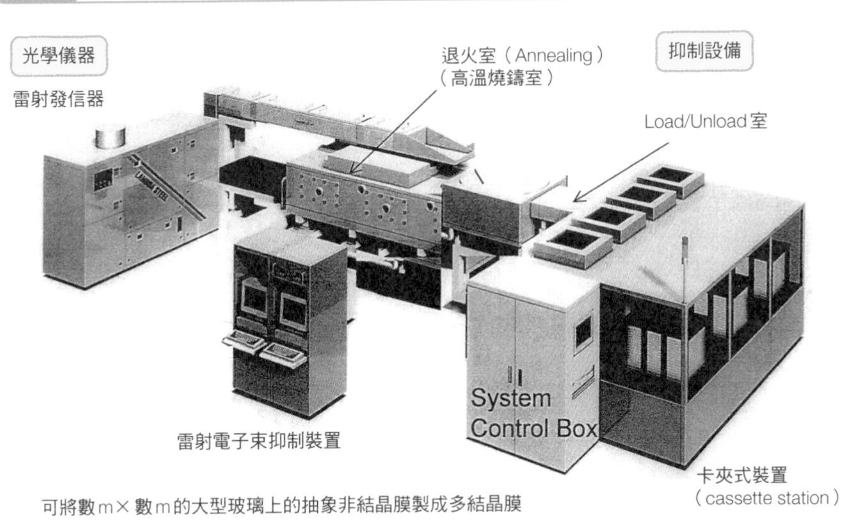

可將數m×數m的大型玻璃上的抽象非結晶膜製成多結晶膜

提供：日本製鋼股份有限公司
（株式会社日本製鋼）

032 電致遷移斷線以及其解決方法

在高密度回路裝置中，斷面需要0.1μm×0.1μm的極細配線線路。在當中若導入100μA微小電流的話，換算成1㎝×1㎝的極細配線線路，則等同於導入了100萬A的大電流。在這樣的狀態下長時間使用的話，配線線路會因這個大電流而使斷線情形變得明顯，進而導致IC的壽命縮減。這是個十分嚴重的問題，必須要有可解決的因應對策。探究其原因，是所謂因電流而使材料產生移動（migrate）的「**電致遷移**（Electromigration，簡稱「EM」)」所導致。雖然這不是薄膜特有的現象，但因使用在薄膜上，若小電流也用密度思考的話，則是會變成相當大的電流，且現象亦變得更顯著。

例如，把墨汁滴到水中的話，墨汁會在水裡逐漸擴散開來。這是以墨汁的濃度傾斜作為驅動力，物質中的分子自然會從較濃的部位往淡的地方移動。同樣的，以電子的流動（或是電位傾斜）作為驅動力，原子的移動便是電位遷移。這樣的原子移動現象，有時也是因薄膜的殘留應力（參照016）所引起，這時稱為「**應力遷移**（Stress Migration，簡稱「SM」)」。

圖1是因電致遷移引發斷線的範例，（a）的黑點是斷線位置，（b）是其擴大圖，（c）是鋁（Al）移動後，中間部位和左下部位呈現出突起的例子。圖2和圖3，分別是它的因應對策及加速壽命試驗的結果。縱軸的累積不良率100%，是指100條配線線路同時進行實驗時，全部斷線的狀態。橫軸則表示時間。從圖2可知，比起僅有鋁的狀態，只要稍微添加少量的銅（Cu），壽命便可以增長。圖3，在使用鈦的氮化物將配線線路做成三明治般的夾心構造時，已知鋁的合金會比銅耐久性更長，甚至壽命延長約100倍。（圖3的電流密度為圖2的4倍）材料和形狀的研究非常重要。今日的IC，就是以這樣的對策處理完工後才能呈現在大眾眼前的。

●因電流導致配線線路斷線的電致遷移
●利用在材料中添加銅的方式，可能使產品長壽命化

圖1 Al配線因電致遷移（Electromigration，EM）斷線的實例

a 電致遷移與斷線

1μmt×10μmW×1mml
的配線，黑色點是斷線部位

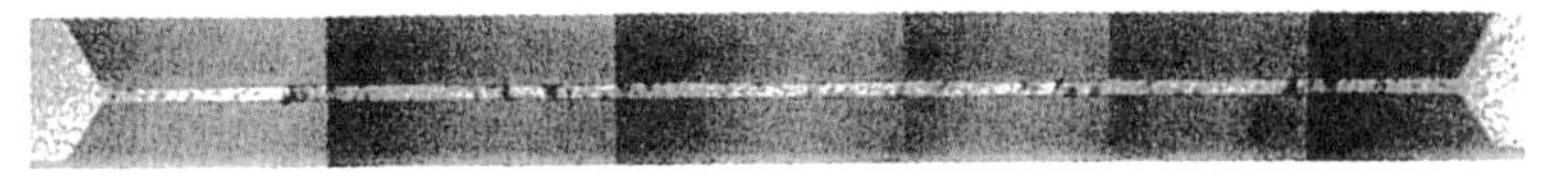

b 斷線部位的擴大圖

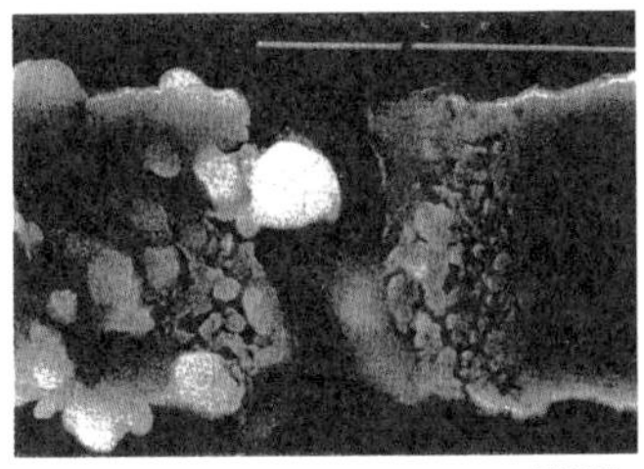
×5000

c 其他例子中，斷線部位的原子移動而製造出小丘狀（突起部）的例子

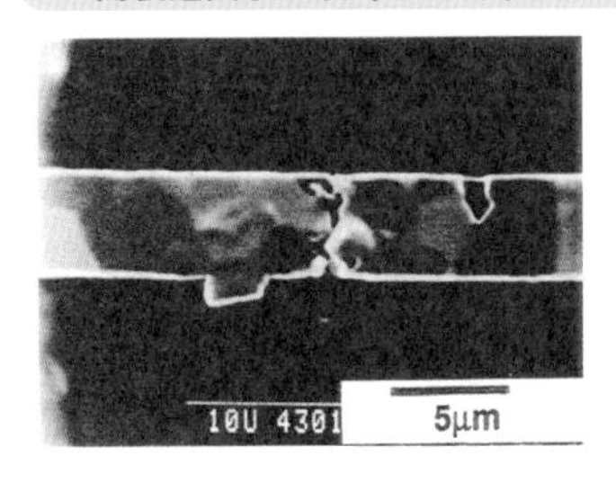

像這樣只是電流流過就斷線

提供：日本電氣股份有限公司
（日本電氣株式会社）

圖2 電致遷移（EM）配線的試驗時間及累積不良率

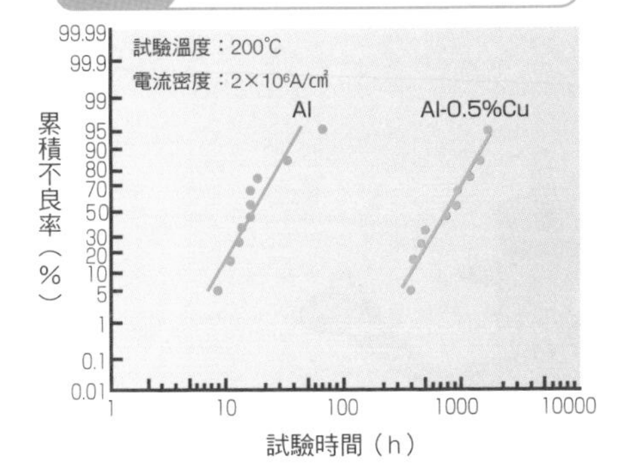

在Al-0.5%Cu的例子中，用溫度200℃、電流密度2×10^6A/cm²的條件進行試驗，在1000個小時時，有70%的線路會斷線。Al的狀況則會更早斷線。加入微量的Cu會有助益

提供：日本電氣股份有限公司
（日本電氣株式会社）

圖3 EM配線的累積不良率的Al-Si-Cu（和Al-Cu左圖相同程度）與Cu配線幅度的差異（如細的壽命短）

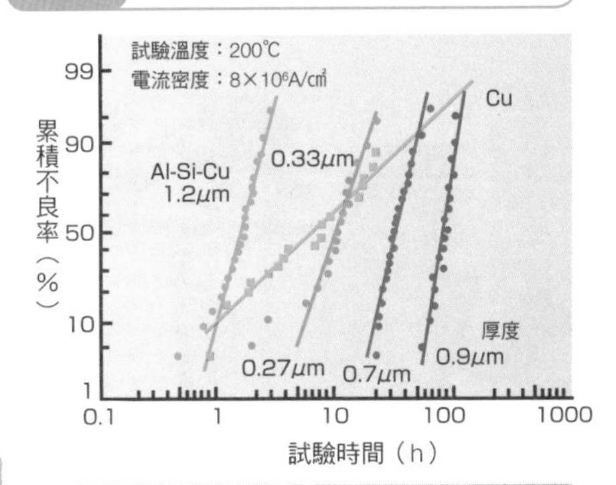

比起圖2，因電流密度有4倍之大，所以壽命更加急速縮短。配線線路用TiN做成三明治狀的夾心構造。配線線路的構造相當重要

提供：日本電氣股份有限公司
（日本電氣株式会社）

COLUMN

太陽之子　電漿

元旦早晨，東方的天空呈現暈染的暗紅色，頓時，太陽從水平線以「耀眼的姿態」現身，氣勢如虹的上升到空中。真是一幅充滿力量、滿懷希望的光景。

太陽，是一個巨大的電漿團塊。約地球半徑的109倍（半徑約70萬km，比月亮的公轉半徑大，若把它拿到地球的位置，則地球和月亮都會被它吞噬）。假設把日暈也一併計算，甚至可達70萬km的數十倍。中心溫度有1400萬K，表面溫度也有6000K。從這個火團中心發射出來的光孕育著生物，使人類成長。若說地球的萬物都是電漿之子也並不過分。

薄膜製程或加工（老化處理等）經常會使用電漿。和以前相比，電漿的效果極大，甚至可以帶來沒有預想到的成效。若想要把薄膜堅固的搭載在基板上，電漿是不可或缺的媒介。後文將介紹的濺鍍，更是沒有電漿就無法生成。蒸鍍也是一樣。使用薄膜的分子或製作系統（例如半導體設備）的加工（老化處理等），能夠進展到奈米般超微細化，都是拜使用電漿之賜。

製作薄膜時，電漿相當重要

薄膜製程中，只要能有幫助的，全部都會使用。當中，
電漿佔最重要的角色。無論是基板的清潔、加強薄膜的附著度、
製造濺鍍的原始離子、還是在真空環境下進行測量等，
電漿都是不可或缺的必要媒介。
電漿製程，應配合多樣化的目的探索、創作、利用。

033 認識電漿及利用電漿魔力

在地表100～400km的上空中，我們所能看到的那壯大畫卷般的極光（aurora），是天然存在的電漿（等離子群）代表（參照圖1或010）。閃電也是電漿的一種。這種能發出神秘又不可思議的光，正是電漿的特徵。雖然肉眼看不見，宇宙的大部分是恆星的電漿廣泛蔓延下的微弱電漿空間。

電漿應用對薄膜技術非常重要。跟使用電漿前的時候相比，這可說是薄膜的第2代般劃時代的產物。

在薄膜上使用的，是靠放電所製作成的電漿。圖2是以概念的方式呈現壓力與電漿中電子及氣體溫度的關係。在薄膜使用壓力為100Pa程度以下且氣體溫度（Tg）比10^5Pa（大氣壓）低的情況，稱為**低溫電漿**。

當中較重要的事項包括①電子的溫度，高的時候高達1000萬℃～1億℃，即使是較低的情形也至少有數千℃。與圖2縱軸左邊列舉各種情況的溫度比較，可知電子呈現高溫狀態。②電漿中富含許多離子。若將離子取出，可應用在濺鍍或老化處理上。此外，還可以利用**離子**的照射來清潔基板，或改變基板性質等等。③在空間中尚存有未變為離子，但會跟電子衝撞引起化學反應而被活性化的**自由基**（radical）氣體分子或原子。總體來說，電漿是會產生化學反應且極具活性化的物質。

天然**鑽石**推斷是在5萬氣壓2000℃環境下合成的。在電漿狀態中雖然是小粒子，但若是1000分之1氣壓700℃環境下是可以進行合成的。這也可說是電漿施展魔法的代表例。

●電漿可產生令人出乎意料從沒想過的反應
●這是被頻繁採用在薄膜技術上的理由

圖1 在夜空中亂舞的等離子群（plasma，電漿）

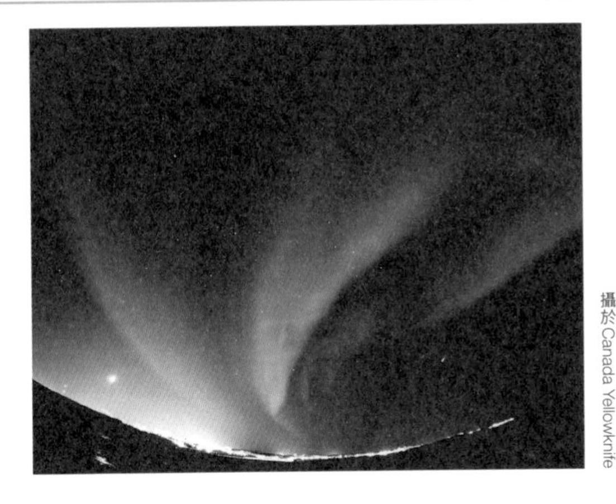

右下為海爾波普彗星（Comet Hale-Bopp）
提供：池田圭，1997年3月，攝於Canada Yellowknife

圖2 電漿中的電子溫度

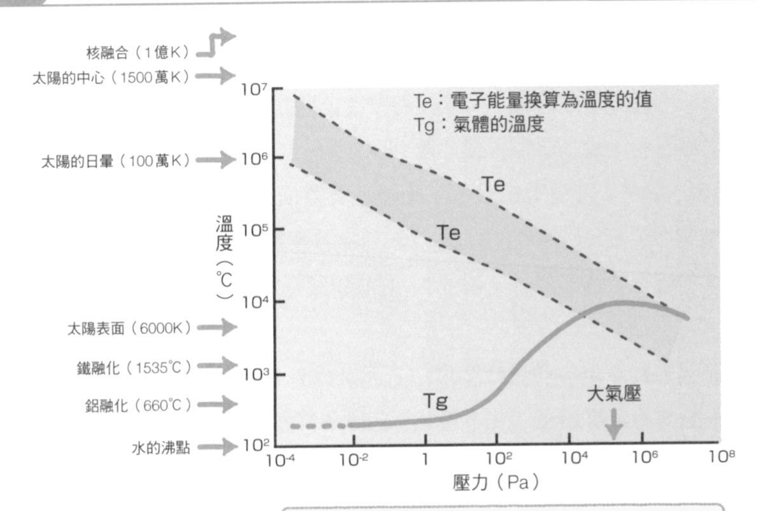

在電漿中，有很多具高能量的電子、被活性化的氣體原子及分子。這些就是其施展魔力的元素

用語解說

Plasma（電漿、等離子群）→「Plasma」這個詞用於許多領域。在解剖學、生理學上稱為「血漿」（BloodPlasma）；在生物學上稱為「原形質」（Protoplasma）；在物理學領域則被視為「神祕且不可思議的流動物質」，是繼固體・液體・氣體後的第4狀態，意指「帶有正電荷的粒子（離子）及帶有負電荷的粒子（電子）分布在幾乎同密度空間，且保有電氣中性的粒子集團」

為製造電漿而引起放電

在製作半導體回路、薄型電視機等平面顯示器、各種感應器等薄膜的領域上，電漿是劃時代的重要技術。但電漿無法放置於容器中保存待我們需要時再取用。電漿的形狀、強度、性質（當中氣體含有什麼）都需要跟我們的目的結合，再根據當時的需求製造。那麼，該如何製造呢？

如圖1所示，僅在2片平行平板中施加數百～數千V電壓，便會引起電漿放電，而放出既美麗又神祕的光。該構造透過以下3階段說明，應該比較容易理解。

〔階段1〕負電極（陰極）的周圍，根據宇宙線、紫外線、電場等，而放出光電子（這時是父母的角色）（圖1的①）。

〔階段2〕電子受正電極（陽極）吸引而飛行的途中，會和氣體分子陸陸續續發生撞擊，透過分子敲打電子可產生離子（此時是孩子的角色）。因電子輕巧易移動，很輕易便能流進正電極裡（圖1的②）。

〔階段3〕正離子被負電極吸引，衝撞進負電極中噴散出陰極物質（濺鍍），同時產生電子（父母）（圖1的③，圖2）。這個電子會和階段1的電子同時作用，朝②③進行製造出離子（孩子）。這些階段會同時並行發生，放電會自行持續。

此時若改善真空度會發生什麼變化？因氣體分子的密度變小，在階段②中產生的離子數量會大幅降低。由於產出1個電子需要10個離子左右，故產出的電子數量也跟著大量減少，最終會完全不能產出。子電子無法製造出母電子，自然放電也就不能持續了。若要使放電持續，須靠提高壓力，或者必須拉大電極間的距離或電子的飛行距離。

●自行持續進行放電的現象稱為「自續放電」

圖1 放電的構造

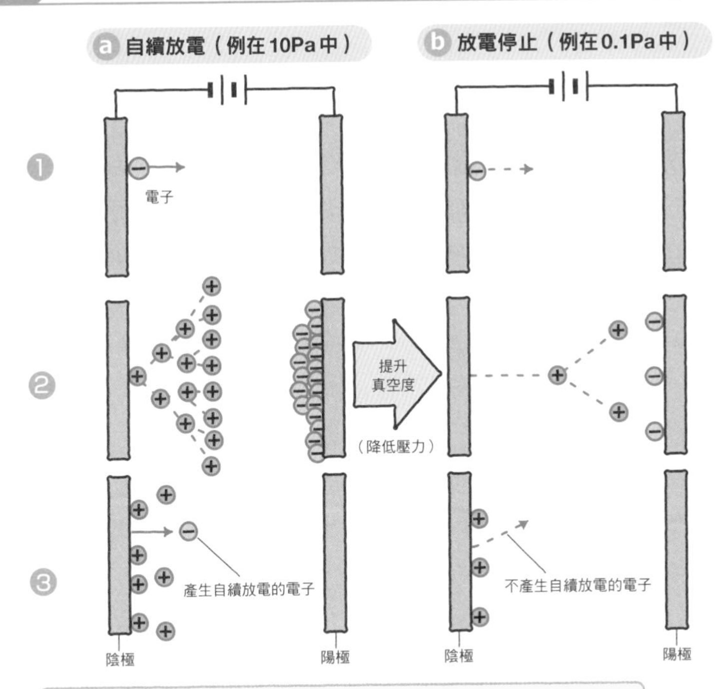

①的光電子等會衍生出許多電子，②形成的離子會再次釋放出電子。
③這樣的放電會自動持續

圖2 離子一旦跟物體衝撞，物質便會噴濺散落，進而釋放出電子

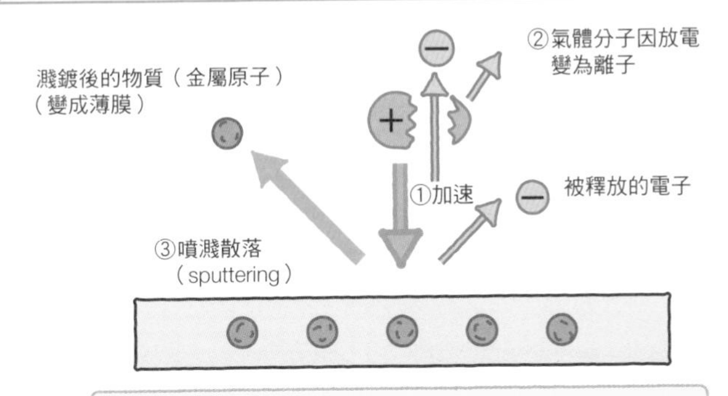

被釋放的電子自行持續著放電，而濺鍍後的物質則變成薄膜

035 以低壓力（優異的真空狀態）為目標引起磁控管放電

使用電漿時，是否是在較佳的真空環境、儘可能的在低電壓中使其能自續放電等，都是非常重要的條件。這是因為在高電壓（二極放電中，數kV的電壓是必要條件）環境中，容易引起裝置的絕緣破壞，甚至對人體也會產生危害。

實現的方式，是將電極間的距離拉大為數倍。因為將距離拉長後，電子跟氣體分子碰撞的機會會增加。天然的電漿－極光（aurora），就是在氣體密度稀薄的大氣 10^{-5}～10^{-6}Pa中持續放電（參照010）。電子在數km的距離中自由飛揚，而使電漿放電。因為是宇宙，所以能夠做到。

如圖1所示，與電場垂直相交般施加磁力製造磁場的話，電子的飛行方向會彎曲，飛行距離會拉長。若要使電子A回到右方電子A原本的位置，電子是連續的飛行，效果會變大。

圖2是把上述想法化為圖表示。從（a）→（c）進而進展成（d），電子會咕嚕咕嚕的旋轉，效果也會變大，在低壓力狀態下持續放電。這是跟電磁爐使用的磁控管構造相同。稱為「**磁控管（magnetron）放電**」。若在平面環境執行磁控管放電，則如圖3的平板磁控管。在目標物背面放置磁石，並於目標物的放電側拿出磁力線，電場和磁場會交會產生圓弧狀隧道般的磁氣圈。電子會在此隧道磁氣狀態中咕嚕咕嚕迴轉，與氣體分子撞擊時，一點一點地朝正電極接近。

根據這個原理，平板狀的電極上也開始展開磁控管放電的應用。這尤其對濺鍍來說是劃時代的一步。因為需要搭載薄膜的基板，大多數都是平板型（圖2的d的正電極在內部，在平板上應用有難度）。

●磁控管放電如同是電子在板上的磁氣隧道中飛行
●達超真空環境前放電可自行持續

圖1 磁控管（magnetron）放電的構造

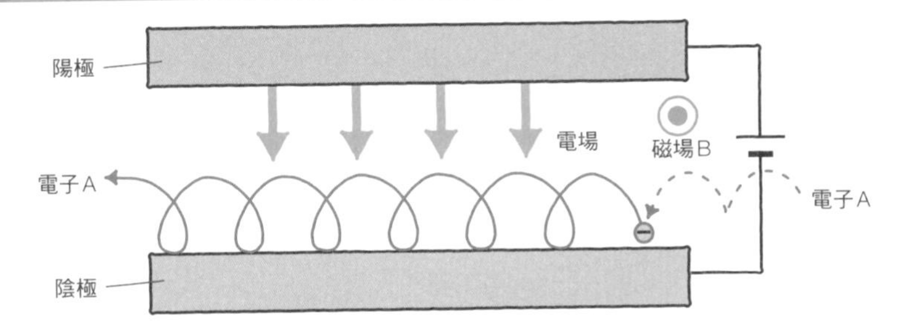

磁場可拉長電子的飛行距離

圖2 磁控管放電實現了改善二極放電

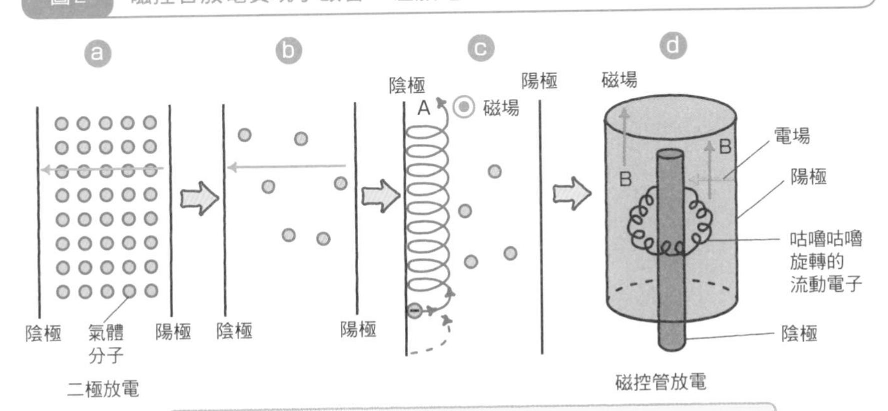

從（a）改良到（d），電子會咕嚕咕嚕的旋轉，飛行距離接近無限。
在平板狀態，電子也可咕嚕咕嚕旋轉。這是現今的主流

圖3 平板磁控管型電極的構造

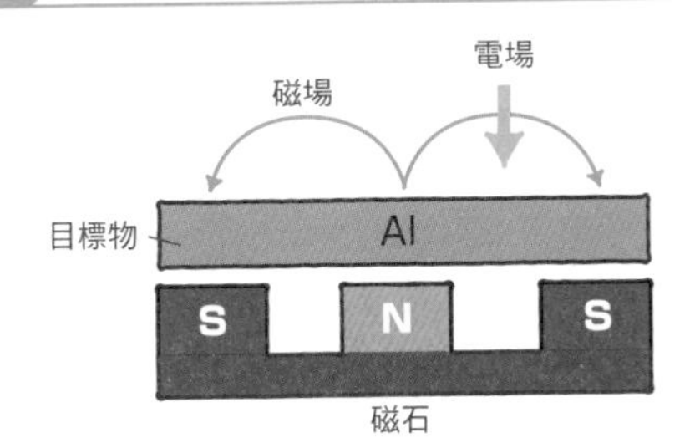

在目標物的背面放置磁石，
在磁石表面製造磁場

036 製作薄膜用電漿的5種方法

由於薄膜應用上有各式各樣的可能性，技術者們的夢想也跟著寬廣起來。如果可以製造出與夢想狀態相符的電漿，幾乎就等於夢想已經實現一樣。這也代表著薄膜和電漿有切也切不開的緊密關係。

現在的電漿製作法，可約略劃分為5種（參照圖1）。（a）的**二極放電形**如（034）舉出的放電，是從很久前就開始被使用的方式。因為它具有即使是大面積也只需要簡單的構造（只要有2片板就可以了）就能完成使命的優點，在濺鍍、老化處理、氣相沉積等各方面領域中，都廣泛的被使用。缺點是在比1Pa低的壓力中無法使用，必須要在高電壓環境才行。

在更低壓環境下也能使用的是**熱電子放電形**。這是利用來自熱陰極的大量電子（b）的電漿製造方式之一。這樣雖然算是完成了一位數左右的低壓化，但存有氧氣或水蒸氣等氣體的位置，熱陰極會破損。（c）的**磁場聚焦形**是運用（035）中舉出的方式，可避免前兩項的缺點，是現在最廣為使用的方式。

上述方法都是預計要處理的物質附近有電極，所以會擔心在濺鍍等步驟進行時，電極材料會以不純物質的姿態誤摻入膜中。而能夠改善此憂慮的方式（d）則為**無電極放電形**。這是用高頻率導線捲包住石英管外側，在內部無電極的狀態下製造電漿的方式。大部份應用在老化處理或氣相沉積。

（e）的**ECR放電形**是將微波（microwave）傳送入共振室中，將軸方向的磁場強度及微波的頻率數配合共鳴頻率數進行調整，在內部產生共鳴（Electron Cyclotron Resonance，簡稱「ECR」），可在低壓力環境中得到高密度的電漿。因為是沒有使用熱陰極的冷陰極形式，因此廣泛被使用。電漿的研究，以高密度化、低壓力化、大面積化、均一化、低能量化等作為研究重心而持續進行著。

●電漿研究包括各式各樣的主題。高密度化、低壓力化、大面積化、均一化、低能量化等等

圖1 製作電漿的基本形式

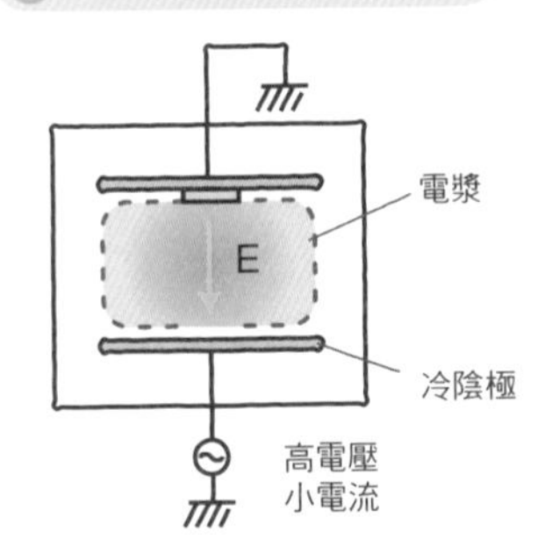

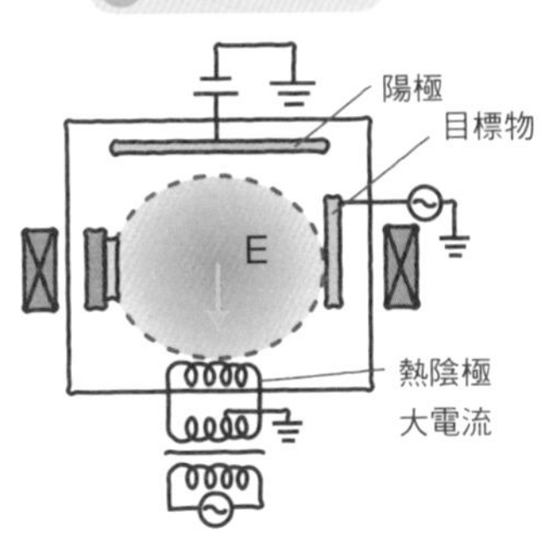

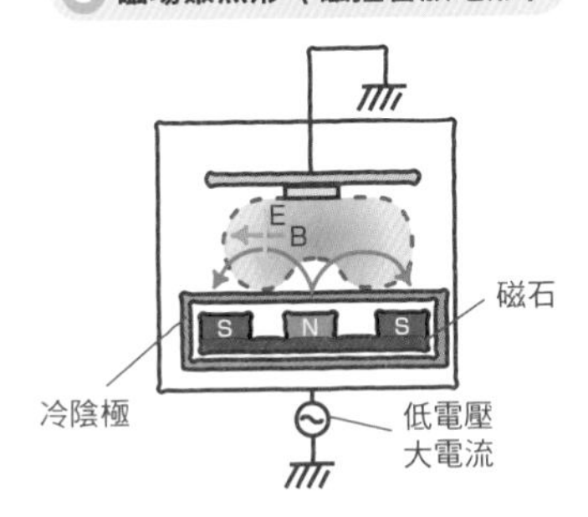

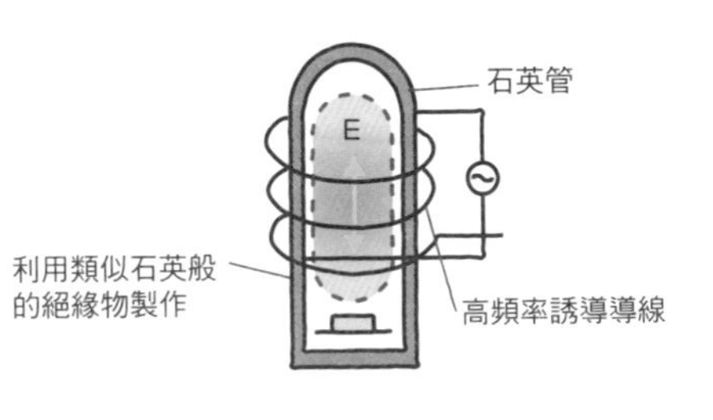

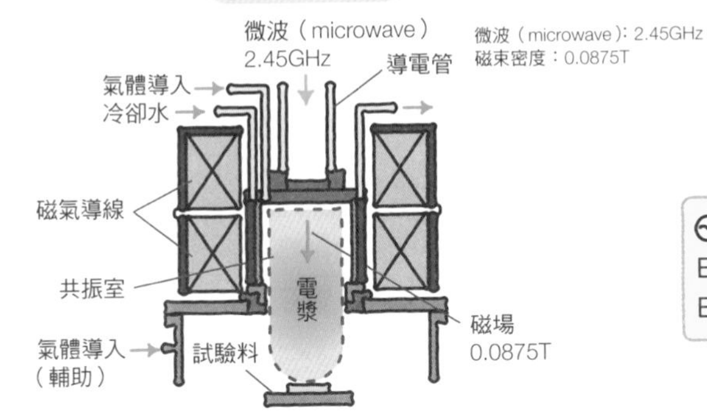

微波（microwave）：2.45GHz
磁束密度：0.0875T

：高頻率電源　　：基板
E：電場　　：反應室
B：磁場　　：電漿

製作電漿的基本形式可粗略分為上述5種，依照目的來選擇使用

037

薄膜的大敵是雜質

曾有在學校實驗室中把薄膜搭載在玻璃上的經驗。透過搭載了薄膜的玻璃看太陽，薄膜上佈滿小小的洞。這種小孔穴對製作薄膜的人來說是可怕的敵人。基板上若有雜質，像圖1那樣直接裝載薄膜的話，雜質被取下後便會產生小洞。若在上面裝設配線線路，就會引起斷線不良。加上**小孔穴**也會造成污漬，因此保持基板清潔是非常必要的。

圖2是表示形成雜質（也稱作**質點**（particle）或**微塵**（dust））原因的粒子大小及其他參考尺寸。香菸的煙及病毒也是問題。其解決對策的首要，是把空間中這些雜質全部去除。使用濾過器過濾室內的空氣，把當中會動的物質完全清除乾淨。人類及會運轉的機械也是引起微塵的原因。

圖3為訂定的空間清淨度標準。Class1是1m^3空間中，0.3μm的微塵為1個以下，0.1μm的微塵為10個以下。若這樣依然不足的話，還可以使用「**清洗台**」（clean bench）輔助。

真空裝置也是，如旋轉油封式機械幫浦（Oil Seal Rotary Pump）等迴轉式的機械，大多是放置在屋外。運作的時候，幫浦排出油的煙透過導管排放到室外。

事實上，真空室中也會有薄膜剝落殘留的微塵。開始排氣時突然急速地打開閘口，真空室中會產生亂流氣體，微塵也跟著在空中飛舞而導致小孔穴產生。因此，閘口要緩慢地開啟使之排氣。使用的水或藥水也必須去除微塵。在無塵室中亦不可使用紙或鉛筆。要用原子筆寫在塑膠的筆記用紙上。這些都是超高密度化、超微細化的出發點，也是永遠的研究課題。先預設好要製作的薄膜大小，然後決定無塵室的清淨度，接著才製作無塵環境。

●徹底的防止雜質產生
●雜質是來自於會動的物體（人類、機械），以亂氣流的姿態揚起

圖1 這樣會形成小孔穴

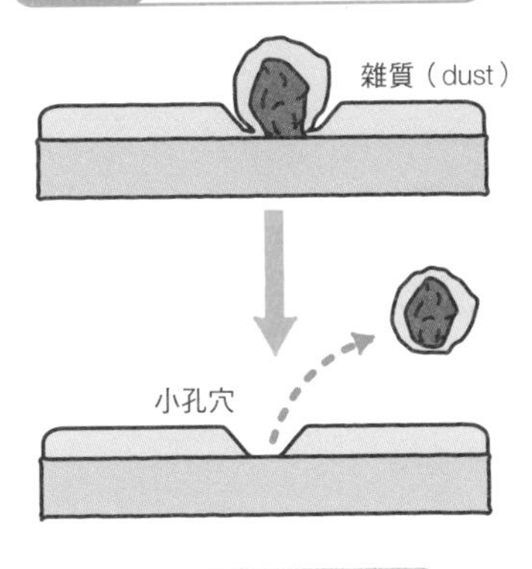

取出雜質後成型的小洞，是薄膜的大敵

圖3 塵埃粒子徑與空氣清淨度

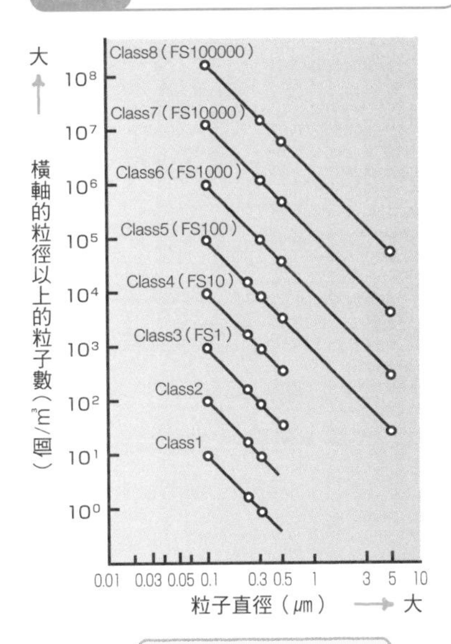

薄膜須在極力去除微塵雜質的空間中製作

圖2 大氣中塵埃粒子、關連尺寸比較

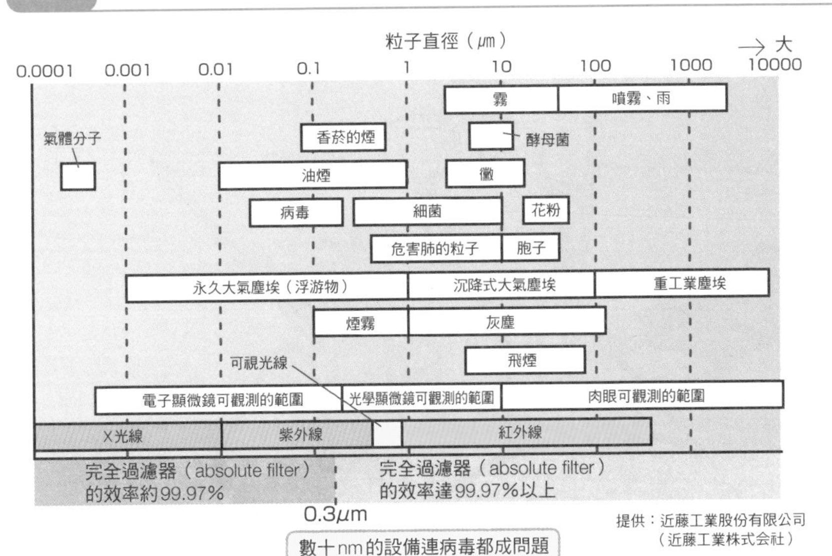

提供：近藤工業股份有限公司（近藤工業株式会社）

數十nm的設備連病毒都成問題

COLUMN

望遠鏡、照相機都更加明亮了

伽利略（Galileo，1564～1642）製作望遠鏡（1609年）來進行天體運行的研究，並強力支持哥白尼（Copernican，1473－1543）的地動說（1543年），皆廣為世人所知。當時伽利略的望遠鏡，是凸面鏡片（對物）和凹面鏡片（接眼）的2片式望遠鏡。

想要更放大影像而重疊鏡片數片的話，影像雖然變大了，但也變得更暗了。第二次世界大戰後，我們取得的就是這種望遠鏡。鏡片在表面大約會反射4%的光。4片組合的話，可穿透的光約達70%，若8片重疊的話，則約有一半被反射掉了。

假如在鏡片上裝載超薄透明的膜，這種反射便會減少，若裝載3層膜，可視光全區域幾乎都能透光，可以製造出不會反射的鏡片。這就是真空蒸鍍的起源。如此，便帶動了製造出今日明亮的望遠鏡及照相機。

真空蒸鍍，歐美是在第二次世界大戰前便開始使用抗反射膜製程方式，而日本是在第二次世界大戰中才開始。現在，此技術廣泛應用在金紙、銀紙、塑膠模型上。

自古以來使用的蒸鍍法

在真空中加熱蒸發後搭載在基板上，
最簡便的薄膜製程方式是蒸鍍（Evaporation）法。若用光來比喻，則等同於點光源，
靠近相當於蒸氣中心處的膜厚會增加，因此在基板配置上需要多下工夫。
蒸發方式也從單純加熱進展到使用電子光束或雷射。
當然，也會使用電漿製法。

038 蒸鍍法的Source

如白光燈炮或點狀亮源，真空中電流流過細長燈絲變為高溫，在上面僅搭載鋁等材質的薄膜材料便會融化蒸發，可製作成薄膜。蒸鍍（Evaporation）法，是最早開始使用的薄膜技術。對薄膜的內容要求越發嚴格，例如燈絲蒸發後變成不純物質等各種可能發生的問題，雖然可以用電子光束法等來解決，但蒸鍍法在現今依然占有重要的地位。

圖1是**通電加熱形Source**。（a）是將鎢（W）或鉬（Mo）等高融點金屬彎曲成U字形，在上面包捲薄膜材料的線。於真空中通電加熱後，材料會融解而蒸發。（b）是將燈絲弄成籠子狀，（c）則是在船狀容器中放入大量薄膜材料，（d）是把薄膜的粉末材料放到坩堝中，從上方的燈絲加熱，使粉末材料蒸發。除這些外，尚有許多方式。

若要去除燈絲或燈絲本身的不純物質影響，可使用圖2的**電子光束Source**。如圖所示，在跟紙面垂直的方向製作磁場來彎曲電子光束，使光束照射到的地方加熱蒸發。這也應用在材料蒸發上。因使用了冷水坩堝，故不需擔心不純物質混入的問題。

圖3是使用**空心陰極放電**（Hollow Cathode Electric Discharge）的Source。使用可以得到大電流的空心（空洞的意思：圖為空心放電室）放電來取得大電流電子光束，並用此照射薄膜材料。該物質加熱蒸發後，不免會產生如（030）所述的組成變化。為了避免組成變化生成，可採取後文說明的**脈衝雷射剝蝕**（Pulsed Laser Ablation，簡稱「PLA」）方式。如此一來，便幾乎不會產生組成變化（參照042）。

- 透過通電加熱、電子光束、空心陰極、脈衝雷射剝蝕等方式，使蒸鍍法更豐富
- 除脈衝雷射剝蝕（PLA）之外，其他方式都會產生組成變化

圖1 通電加熱形Source

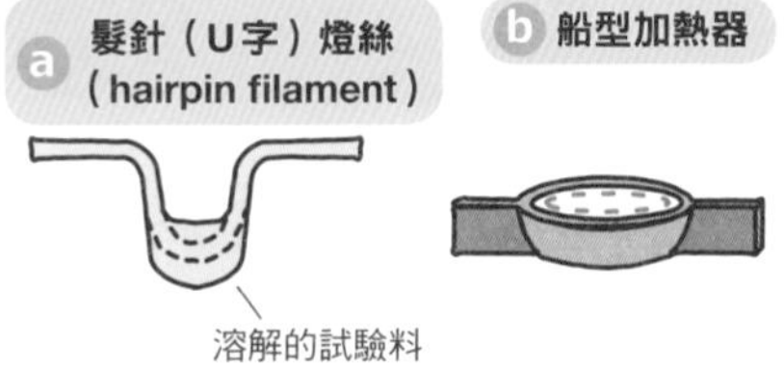

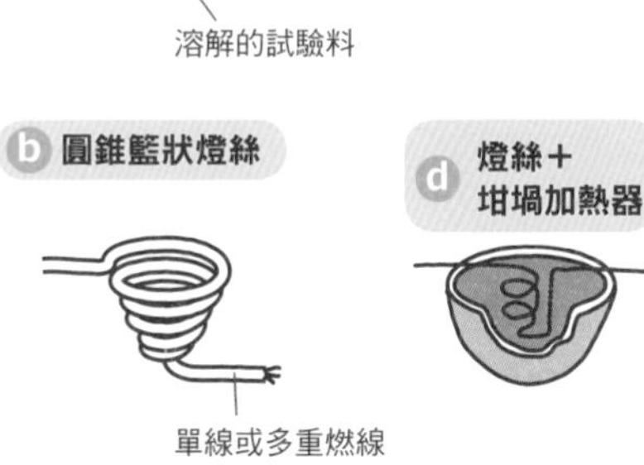

用許多種方式加熱蒸發。會有點擔心燈絲中含有的不純物質

圖2 電子光束Source

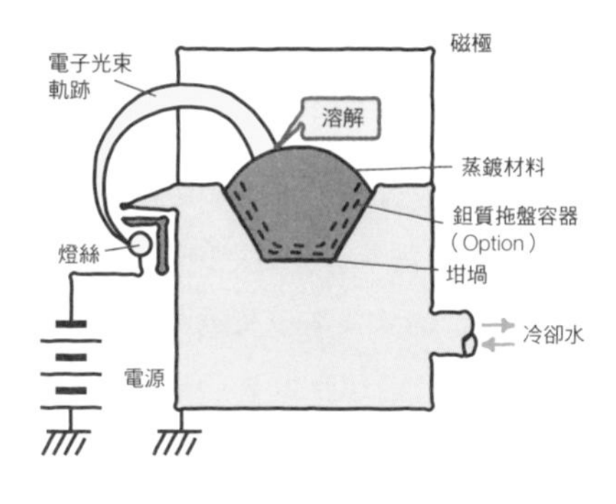

只有電子光束照射的位置會溶解蒸發

圖3 使用空心陰極放電（Hollow Cathode Electric Discharge）的蒸鍍源

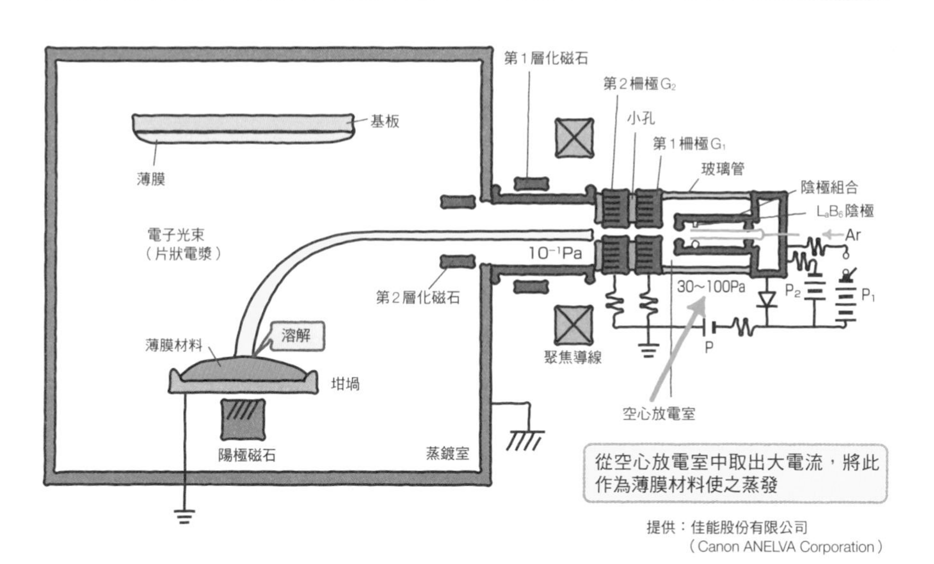

從空心放電室中取出大電流，將此作為薄膜材料使之蒸發

提供：佳能股份有限公司
（Canon ANELVA Corporation）

039 統一膜厚的工夫

大多數的情況下，基板不是單一片而是有數十片。決定Source後鋪排在基板上，在多數基板上要把薄膜平鋪成相同厚度，是需要很大工夫的。

Source中飛散出來的原子，在真空狀態中以高速直線前進（參照015）[注1]。往什麼方向飛散多少量，稱作Source的「**放射特性**」。U字形燈絲的情況，如圖1（a）所示，從溶解成圓形狀的薄膜材料向四面八方均等的飛散出去。因為看起來類似點光源的樣子，因此稱為「點源」。

船狀加熱器的狀況，是只朝船的開口處飛散過去，不會朝水平方向飛去，以免對加熱面及材料造成阻礙。將其現象稱為「微小平面源」。飛散量不見得能達到四面八方皆均等的情形，和平面垂直的角度ϕ方向，會僅有遵循$\cos\phi$固定比例的量飛濺過去（稱為「**餘弦定律（Cosine Law）**」）。正上方是$\cos 0°=1$最大，45度方向是$\cos 45°=0.7$，水平方向則為$\cos 90°=0$。此現象便會形成類似圖1（b）那樣的球體狀。現在，以Source中心為基點，往高的方向偏移h，水平方向偏移δ，此圓周上的點的膜厚以t表示，中心上的膜厚以t_0表示，則圖1的δ/h點的膜厚分布會如圖2般，越偏離中心膜厚越薄，因此需要格外下工夫。

在那裡將各基板的附著量統一。以圖3為例，在圓形球面內側位置裝設基板，使中心軸朝順時針方向旋轉（公轉），P軸朝逆時針方向旋轉（自轉）（稱為類似天體運行的「**衛星軌道治具**」）。如圖4所示，也有把Source放置成圓環狀（可逐漸靠近面光源）的方式，此稱為**環源**（Ring Source，Source排列成圓環狀，以1個Source回轉基板）法。日本自豪的世界最大的SUBARU望遠鏡（譯者注：SUBARU望遠鏡是日本國立天文台夏威夷觀測站使用的大型光學紅外線望遠鏡。），當中所裝置直徑8.2m的巨大反射鏡，就是把環狀弄成多層次的同心狀製作而成的。

- 點源是以等方向放射，微小平面源則是遵循餘弦定律（Cosine Law）放射
- 統一膜厚可使用衛星軌道治具或環源法進行

注1：香菸的煙受到空氣影響而以非直線狀態往高空飄揚，但真空環境裡沒有空氣阻礙，可如同光線一般直線前進

注2：與點光源上方放置紙張觀察相同，會呈現出中心較亮周圍較暗的結果。單純在平面狀態上放置基板的話，膜無法呈現一致的厚度

圖1 點源及微小平面源

a 可視為點源的蒸鍍源（宛如點光源）

b 微小平面蒸鍍源（比點源更集中）

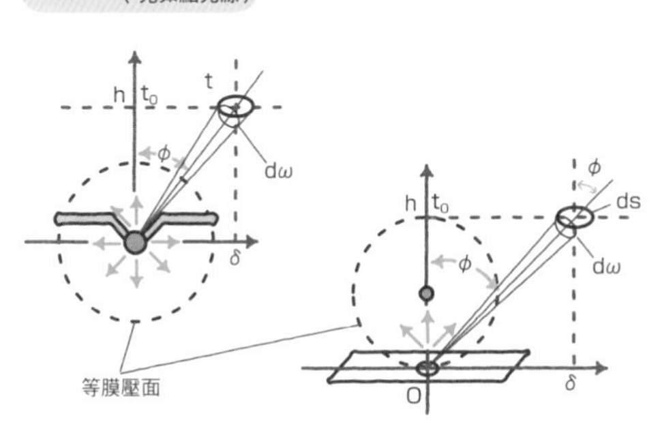

向四面八方等量飛散

朝 ϕ 方向飛散的量是遵循餘弦定律（Cosine Law）的

圖2 根據點源及微小平面源比較薄膜分布

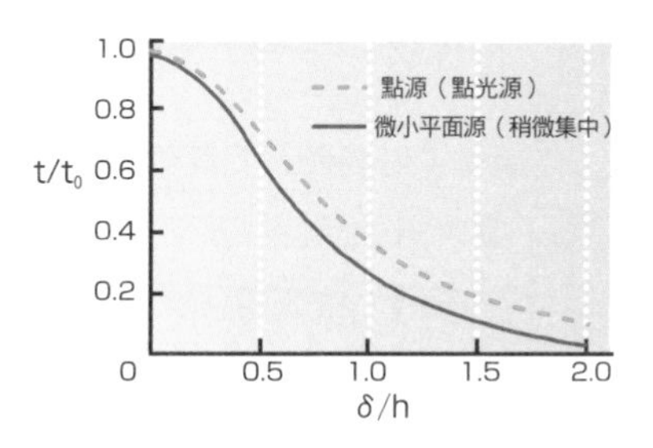

t/t_0 是指中心上厚度的數倍厚，δ/h 是從中心偏移數倍的距離（1表示和高度相同的偏移距離）。如同把紙放在蠟燭上一般，靠近中心的位置會變光亮，光源多半集中在中心處

圖3 衛星軌道治具

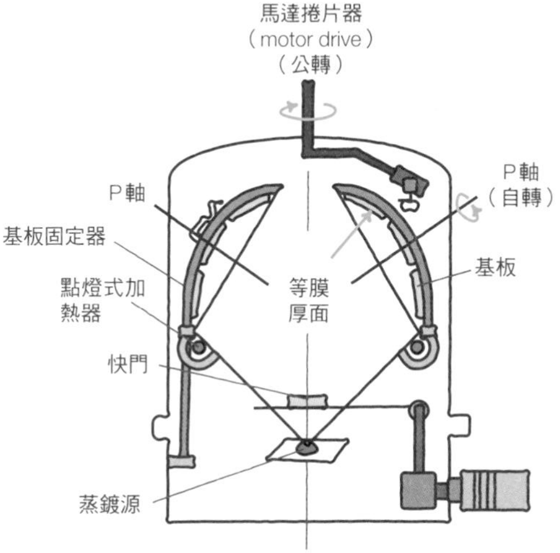

使半圓形內側的基板固定器自行公轉

圖4 環源（Ring Source）

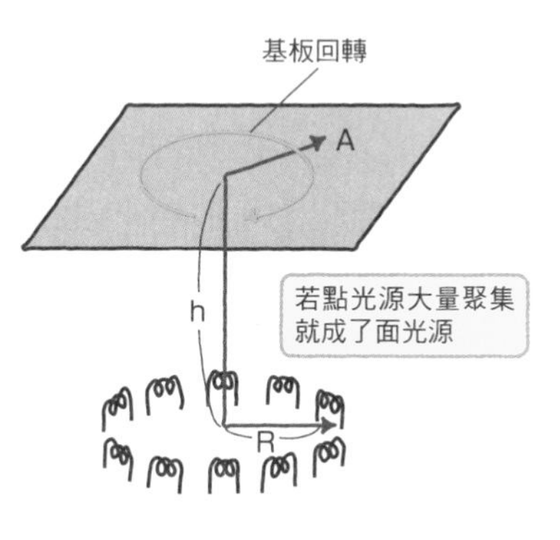

Source排列成圓環狀，以1個Source的方式回轉基板

040 活用離子的離子鍍法

「讓膜（在基板上）具有更強韌的附著力！」是每個薄膜技術者強烈的願望。為了實現這個願望，而衍生了**離子鍍法**（Ion Plating）。當完整進行前置處理（024～025）或蒸鍍（026）步驟後還是沒辦法得到期待的結果，或是想要增加附著力等情況，都可以使用離子鍍法。這個方法，是把從Source出發的原子和分子的一部份在中途離子化，用蒸發時的幾萬倍、幾百萬倍的電氣加速，使它急速撞擊基板。爆發的效果（026）也很驚人，已檢證出可以使附著強度增加，且膜的結晶性也會比較好（參照019）。

透過圖1介紹4種離子鍍法的方式。（a）是**直流法**。將基板的周圍做成1Pa左右的真空，對Source而言，一旦把基板的電位弄成負的高電位（數kV），在基板周圍會產生輝光放電（參照034）。在此狀態下進行蒸鍍的話，蒸發的原子會因電漿中的電子而正離子化，再因基板的負電位而加速，快速地撞擊基板（若沒有加速，則因10分的數eV（參照042），會變成接近數萬倍左右的速度）。離子是沿著電氣力線飛行，而附著在基板內側（盤旋再飛入較佳）。（b）的**高頻率法**，是在基板與Source間放入高頻率導線，因高頻率振動電子，可成功做出多一位數的真空環境。（c）的**聚離子光束法**（Cluster Ion Beam），是從坩堝的小凹槽中噴出的材料蒸氣（數千～數萬個原子的集團。此稱為「**叢集**」（Cluster）），在第二步驟的空間中使之離子化，再朝基板加速的方式。（d）的**熱陰極法**，是不透過叢集而使材料離子化後加速。這4種方式的要點，是都必須先離子化然後加速。

●提到離子鍍法（Ion Plating），有直流法、高頻率法、聚離子光束法，及熱陰極法

圖1 各種離子鍍法（Ion Plating）

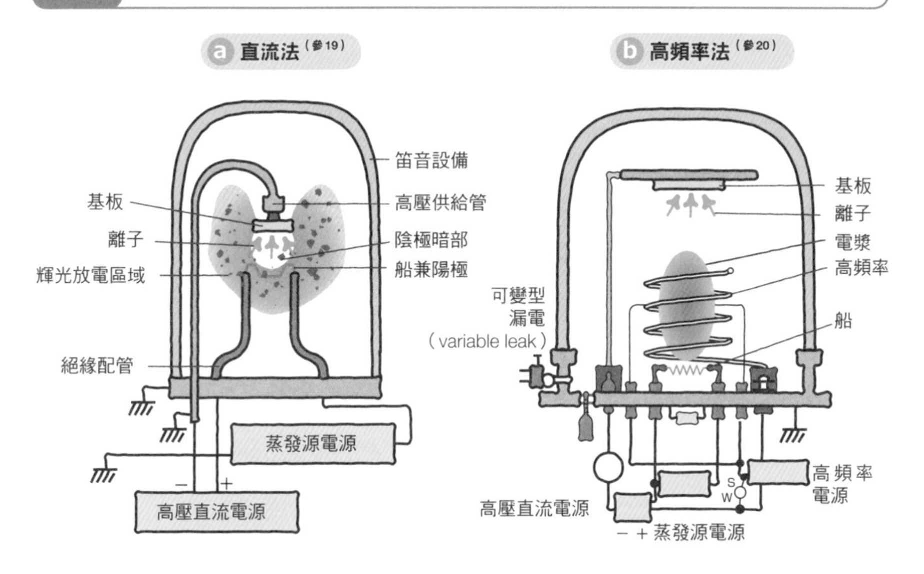

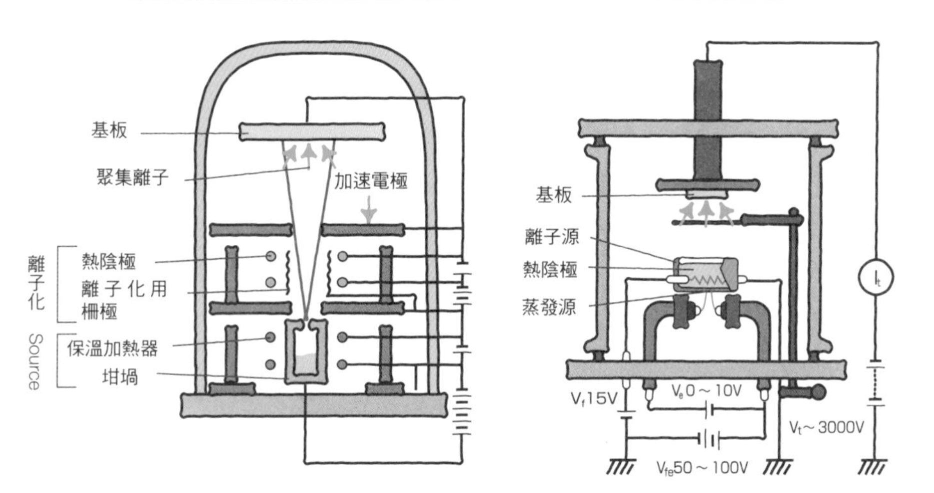

薄膜材料在中途離子化，加速。對基板急速撞擊而薄膜化（電鍍，plating）

041 離子活用的發展

離子鍍法（Ion Plating）因為具有附著力大、可改善薄膜結晶性、包覆周圍較佳等優點，有段時間蔚為風潮，相關研究非常盛行。在NASA當中，也把它應用在航空飛機的回轉軸潤滑上（實踐040直流法的例子，028的研究更是這項應用的開發演進）。之後，將離子光束化，並朝改善薄膜的方向繼續研究開發。

圖1是泛稱「**離子光束輔助蒸鍍**」（Ion Beam Assist Evaporation）的方式。（a）是一邊蒸鍍，一邊照射**離子光束**（Ion Beam）（例氬離子等）來改良膜質的方式。因為不是放電，而是在其他的地方製造離子，因此蒸鍍源周圍的真空狀況比較好，也可應用在電子光束蒸鍍源上。（b）是將蒸鍍材本身離子化，轉向基板並照射它來製作薄膜（040的聚離子光束法（Cluster Ion Beam）也是其中一種）。（c）是把（a）的蒸鍍源轉換成離子光束濺鍍（參照第8章）的方法。

圖2是透過離子光束改變基板表面本身性質的「**表面性質改變法**」。不是在基板上製作薄膜，而是改變基板表層的性質，因而不需要擔心「剝離」的問題。（a）是在基板表面注入高速離子，將表層改變成其他物質。例如，在矽（Si）中加入3價硼離子（B^{3+}）即可變為P形半導體（Positive）；而矽當中注入氧離子，在表面製成SiO_2膜等，就是這類型的例子。（b）是在基板表面將離子照射在預先做好的薄膜上，把表面改變成與基板材料混合後的表層。例如，把鉬（Mo）附著在矽（Si）上面，也不代表就一定能有電氣接續（因為自然氧化膜等）。這時若進行離子混合，則能執行完全的電氣連接（稱作「**電阻接觸**」或「**歐姆接觸**」（Ohmic Contact））。（c）跟圖1的（a）相同。

●離子輔助蒸鍍．表面性質改變法也有效

圖1 離子光束輔助蒸鍍（Ion Beam Assist Evaporation）

a 離子光束輔助沉積（Ion Beam Assist Deposition）

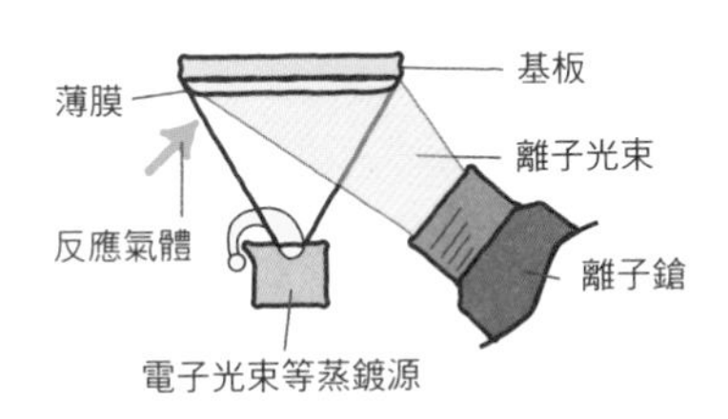

b 離子光束沉積（Ion Beam Deposition）

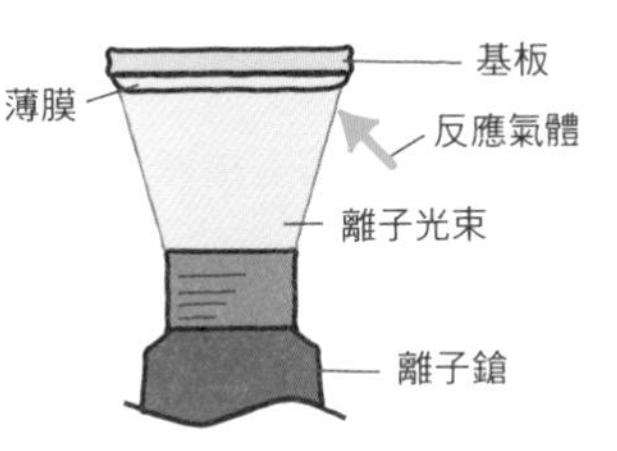

c 離子光束濺鍍沉積（Ion Beam Sputter Deposition）

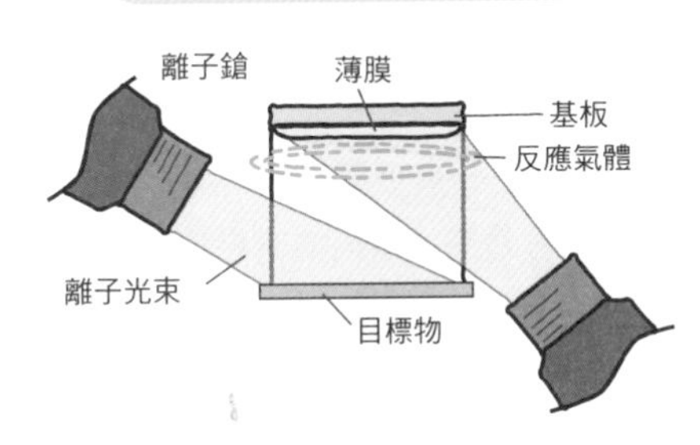

將離子光束化比較容易集中在目的位置。藉助這種方式，可以製成質地優良的薄膜

此外尚有聚離子光束法（Cluster Ion Beam）（040的圖1之c）

圖2 離子光束的表面性質改變法

a 注入離子

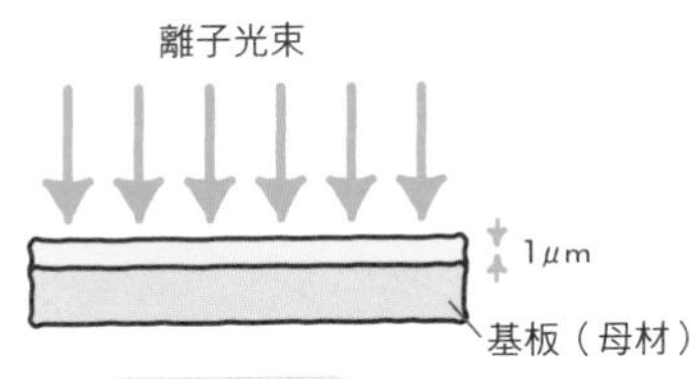

b 離子混合

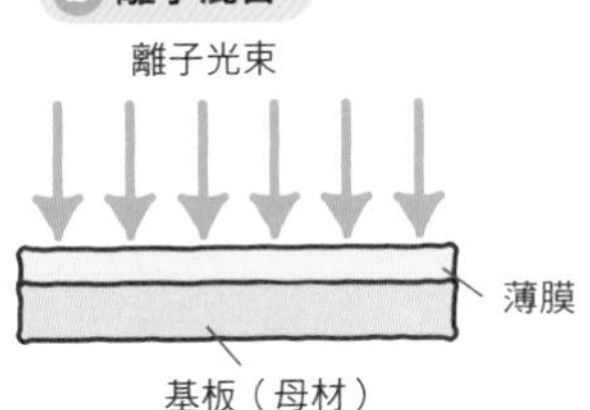

c 動態混合

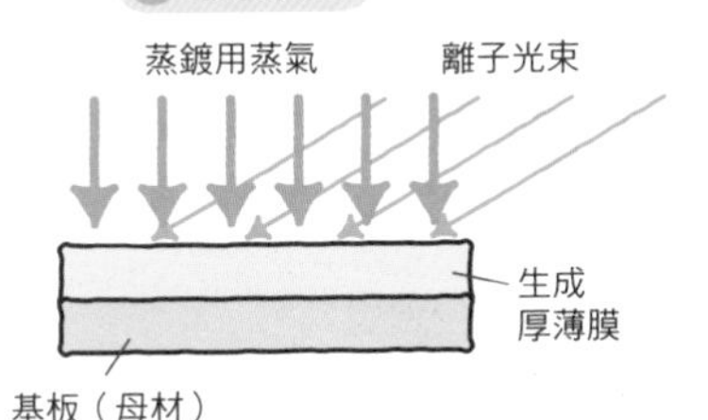

運作離子光束改變基本表面性質。此薄膜不會脫落

042 可消除蒸鍍材和薄膜間的組成變化 脈衝雷射剝蝕蒸鍍法

連離子都使用的話，單體元素的蒸鍍大致上可以被滿足。比較令人困擾的是化合物的蒸鍍。其中一個解決方式，是（030）中提到的「快閃式熱蒸鍍」（Flash Evaporation），但是若沒有將蒸鍍材加工到成為微粉末狀態的話，蒸鍍材在蒸發時，可能會有微粉末跟著向上吹拂卻沒有化作蒸氣的情形。微粉末進入膜中就會變成小凹槽。這裡打算從板狀的物質中使之蒸發的是**脈衝雷射剝蝕**（Pulsed Laser Ablation，簡稱「PLA」）。如同氧化物高溫超電導膜或強誘電體（參照050），要完整保持膜組成的情況下，這個方式很有效。

如圖1，在目標物（想做成薄膜的板狀材料）上照射雷射脈衝光，會產生稱作「**捲流**」（plume）的發光現象，可在基板上製作薄膜。雷射的高密度能量，能僅讓每個被雷射光照射到的特定位置蒸發。與板狀材料的快閃式熱蒸鍍類似，運用數kHz的脈衝可連續的製造薄膜。

圖2是高溫超電導膜YBaCuO（組成比為釔（yttrium）1：鋇（barium）2：銅3的氧化物，也稱作YBCO）的結果。（a）是膜厚分布圖。正常來說結果應該會出現虛線B（餘弦定律（Cosine Law），參照039）的樣子，卻變成A這種差異極大的結果。這不是從微小平面蒸發，而是如圖1的（b）一般，代表是在小凹槽中蒸發且蒸氣集中飛散。組成變化如圖2的（b）所示，在A區域還沒什麼特殊改變，到B區域就開始有輕微的偏移。由此可知，推測PLA的機械應力，①因吸收了雷射光，試驗料的局部產生急速溫度上升，②局部便快速的液化及氣化。接著，局部的表面因放射冷卻及試驗料的氣化熱，而使表面溫度比內部還低。因此，③比表面溫度還高的內部產生爆發，此時包括表面，全部一併因爆發而飛散上揚。雖然PLA裝置相當昂貴，但為了要完全確保組成狀態，PLA裝置依然是非常受歡迎的技術。

- 薄膜材料是透過雷射每次脈衝而產生爆發性的蒸發
- 蒸鍍法可製造出幾乎沒有組成變化的薄膜

圖1 脈衝雷射剝蝕（Pulsed Laser Ablation）

a 在薄膜材料上照射雷射脈衝光會產生捲流現象

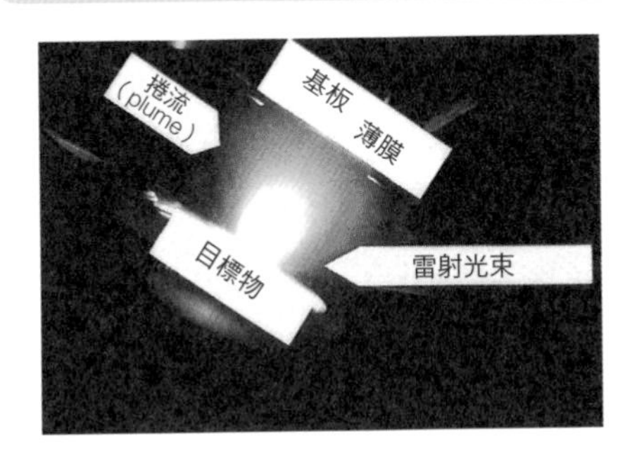

b 被照射的位置爆發性的蒸發

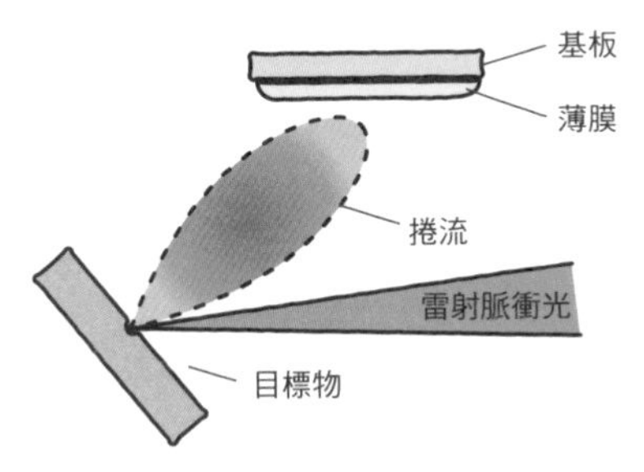

圖2 組成變化少（參23）

以下是雷射流量（能量密度）1.5J/cm²堆積的YBCO超電導薄膜的膜厚分布（a），及組成分布（b）。（a）的虛線，是將目標物法線的角度以 θ 表示的餘弦定律（Cosine Law）。（b）的實線、虛線、點線，則表示目標物的各種組成比

a 薄膜厚度及角度 θ

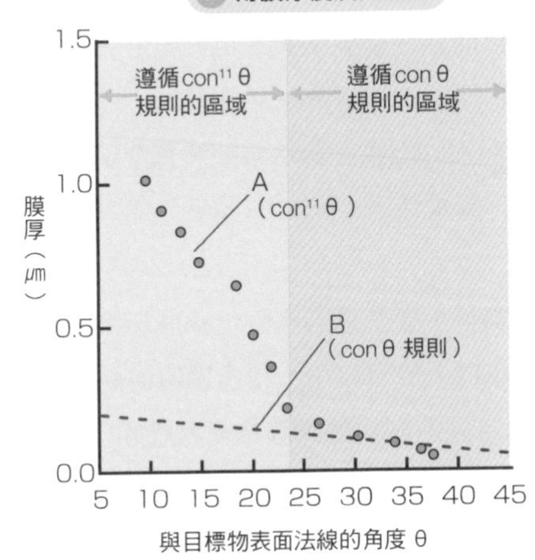

b 組成變化及角度 θ

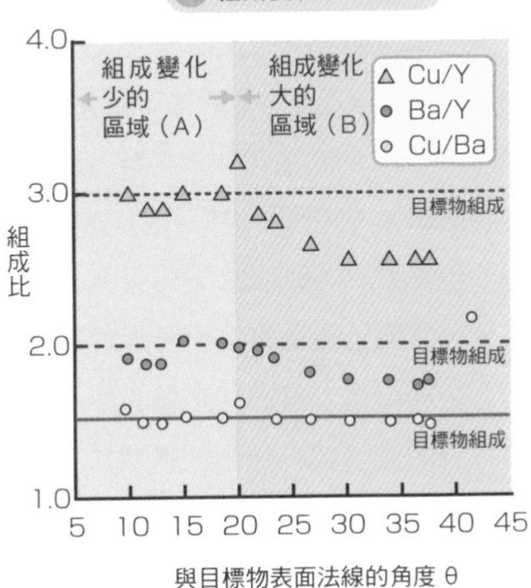

靠近偏離餘弦定律（Cosine Law）的目標物中心處（0～20度），沒有產生組成變化

043 製作透明通電的薄膜
透明導電膜的蒸鍍

在薄型電視・桌上型電腦・計算機等的表示元件上，必定會使用透明又導電的透明導電膜。尤其是液晶表示元件，在我們看的那一面是需要電極的。若這不是透明的，就看不到影像了。透明物品的代表為玻璃，但電氣無法通過玻璃則是一般常識。本單元將介紹暨透明又可使電氣通過的薄膜製程技術。

有許多相關研究探討如何製作透明導電膜。例如，在玻璃上將錫（Sn）的氧化物在大氣環境下進行塗布及熱處理使它呈現透明。或者，在真空中蒸鍍氧化錫（SnO_2）並進行熱處理等。但是，改變透明度的同時，會產生因熱處理而使玻璃變形的問題。

在此要介紹的是銦（In）和錫（Tin）的氧化物（Oxide）−ITO。ITO的製程也嘗試了如上述在大氣壓中製作的方式（節省成本），但考慮到透明度及電氣阻抗的效果，認為還是採用真空法較合適。

透明導電膜ITO的透明度及較小值的電氣阻抗，決定於銦（In）中所添加錫的添加比率。圖1，是觀測可視光波長領域（350～800nm）的全區域，將氧化錫（SnO_2）的添加率作為參數，調查光透射率的結果。雖然希望波長全區域的光透射率達100%，但與此最接近的數值，是當使用2.5～5%的氧化錫添加率時，可得到光透射率達80%以上。

另一方面，電氣阻抗也莫過於是低一些較好。圖2是調查氧化錫添加率及電阻大小的結果。當添加率為2.5～10%範圍時，電阻較小。和透過率的調查結果合併觀察，發現在添加率為2.5～5%的時候所製作的薄膜最常被使用。ITO膜也可使用量產性相當卓越的濺鍍法製作，可得到相同的結果（參照050、051）。

●可使光和電氣通過的薄膜，是顯示器設備不可或缺的一環
●實現ITO，以氧化錫2.5～5%的添加率最佳

圖1 $In_2O_3-SnO_2$蒸鍍膜的可視區域穿透特性的SnO_2添加率的影響（參24）

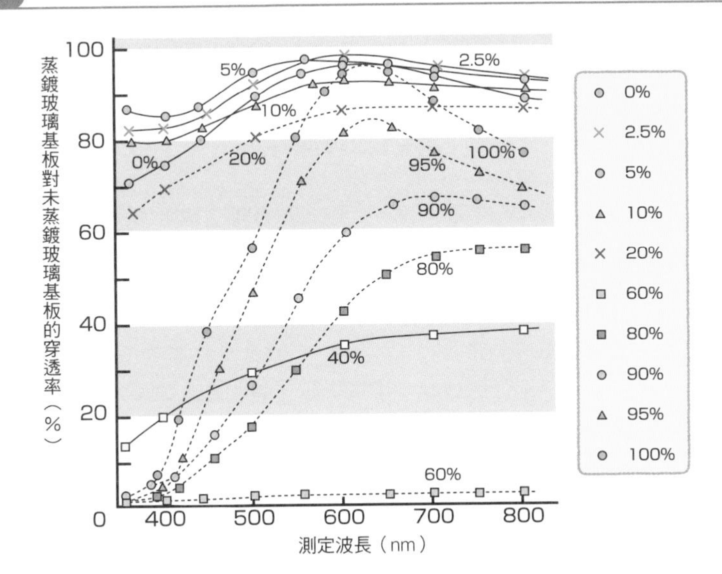

圖2 $In_2O_3-SnO_2$蒸鍍膜的阻抗值的SnO_2添加率的影響（參25）

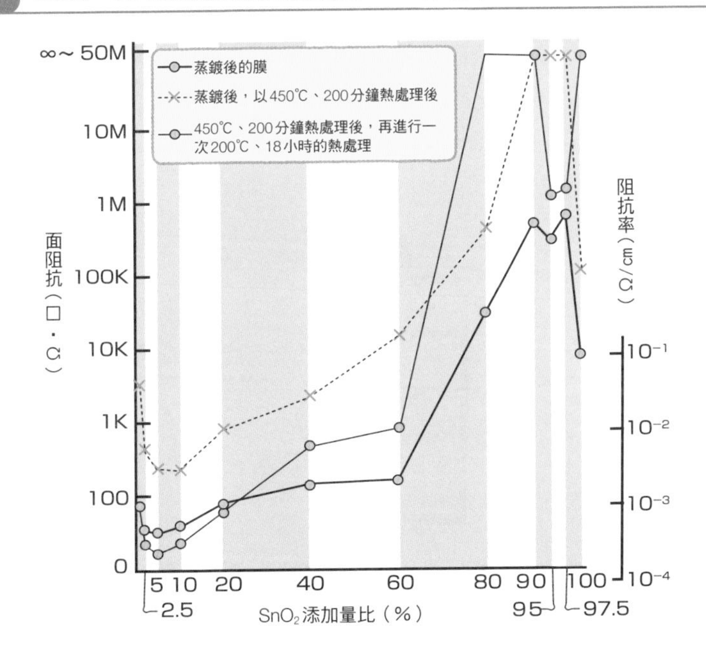

COLUMN

物品用法的運用

當燈管兩端開始變黑，忽然間「啪！」的一聲而無法使用。是否燈管已經到了壽命極限？那個變黑的部份，是燈管的陰極被濺鍍化，其周圍佈滿薄膜所致。這個當時感到困擾的人，搖身一變，成為研究的人。

濺鍍現象很早以前就廣被人知（19世紀），但正式在量產時被使用，則是1966年左右的事。這是為了使電話話機減少經年變化（10年中0.05%），而量產了對溫度變化反應顯著的電氣阻抗用薄膜（美國的貝爾研究所，Bell Laboratories of U.S.A.）。之後，更開發許多新的應用方式，成為薄膜量產的重要旗手。

Sputter這個詞本身的意思是“劈啪劈啪”的濺灑狀態。用這個詞表示：使用離子彈飛出預計要做薄膜的材料，再把彈飛的材料放在基板上平鋪好，進而製作成薄膜的一種方式。燈管的兩端變黑，是由於燈管中因放電而成形的離子在運動，這些離子把電極材料彈飛出去，使材料附著在周圍的玻璃上，而顯出黑色狀態。

濺鍍最大的特徵，是在數m× 數m巨大平面上製作Source時，可做出（製作期望組成的目標物就行了）與Source相同組成的薄膜。

專用在大面積Source 及量產時的濺鍍法

濺鍍法（Sputter），是將離子彈飛材料的反應視為原理，
用來製作在大面積幾乎沒有組成變化的量產薄膜方式，在薄膜量產上佔最重要的地位。
從利用二極放電到利用磁控管放電，使用濺鍍法也是非常花工夫的。
可應用在金屬單體之外，合金・化合物等也可使用，能夠廣泛應用在各方面領域中。

044 依離子能量及薄膜材料決定濺鍍率

在字典查詢「Sputter」這個詞，可得知其本身的意思是“劈啪劈啪”的濺・灑狀態。在此，將這個詞解釋為「用離子彈飛薄膜材料的原子」。

濺鍍現象早在19世紀就廣被人知。燈管兩側變黑，代表燈管壽命已到極限，就是濺鍍現象令人困擾卻又貼近生活的實例。離子與固體表面撞擊的話，會引起圖1的現象，並可利用當中釋放出的中性原子和分子製作薄膜。

圖2是表示離子能量和**濺鍍率**（1個離子能濺鍍出幾個原子）的關係（1表示1個離子濺鍍出1個原子的情況）。當濺鍍率大的時候，可用少量的離子（小電流，即低電力）來濺鍍大量的材料原子，並快速地製作出薄膜。能量大的時候，濺鍍率會達到飽和。一般來說，使用1KeV以下的能量。能量小的時候，大部分的材料在10～30eV以下便濺鍍消失了。

濺鍍率會依射入離子和目標物種類，產生如圖3般極大的變化。金（Au）、銀（Ag）、銅（Cu）等貴金屬很容易被濺鍍，鈦（Ti）、鈮（Nb）、鉭（Ta）、鎢（W）等高融點金屬等比較不容易被濺鍍。活性較低的氣體中，由於氬（Ar）容易取得，經常被當作離子使用。而氦（He）或氪（Kr）這種氣體活性較低的離子，也幾乎都呈現同樣的傾向。其它離子，尤其是氧化離子，會產生差異極大的濺鍍現象（參照050、051）。

目標物若是由濺鍍率相異的多種金屬（例如銅和鋁）的合金所製成，雖推測銅會先被濺鍍，但如（030）中提到，能製成不引起成分變化且幾乎和目標物同樣組成的薄膜。

●濺鍍率會依離子種類的能量及目標物材料的種類而不同

圖1 伴隨離子撞擊的各種現象

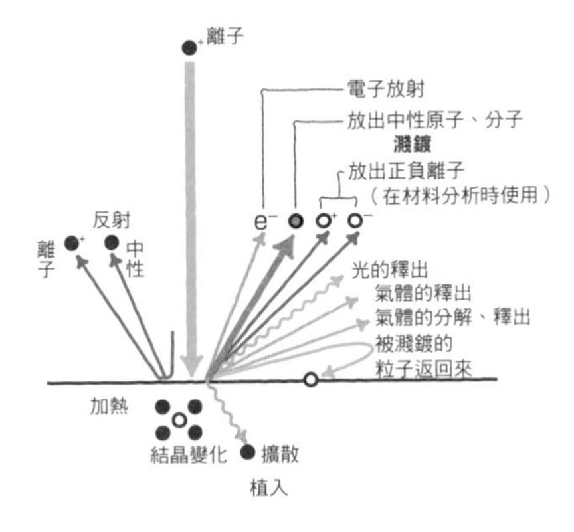

離子若撞擊固體，會產生許多現象。紅色會轉變成薄膜

圖2 氬離子的能量及銅的濺鍍率（參26）

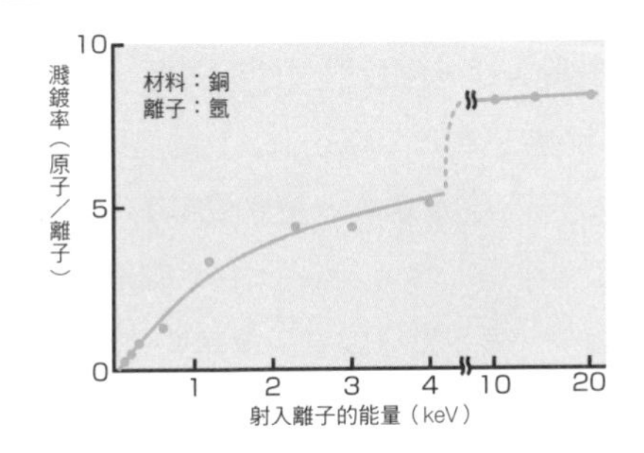

濺鍍率（1個離子撞擊，可能會有數個原子彈飛開）會隨著離子的能量而增大（參考045的用語解說），不久後會達飽和狀態

圖3 固體的氬離子的濺鍍率（參27）

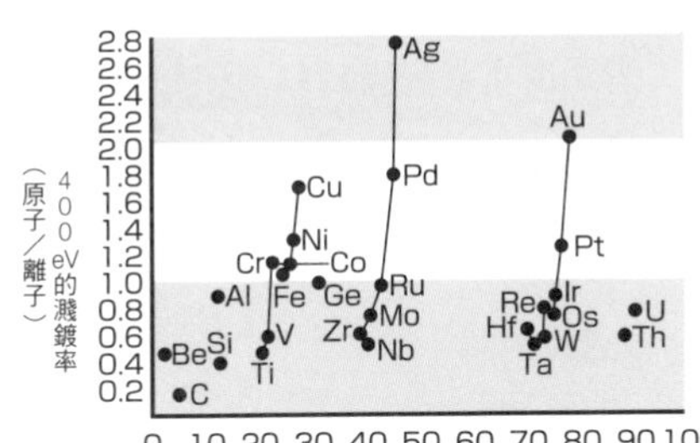

濺鍍率會依材料而出現不同結果。金、銀、銅會比較大，鈦、鈮、鉭（高融點金屬）會比較小

045 被濺鍍的原子會遵循餘弦定律（Cosine Law），速度非常快

將離子鑲入欲製成薄膜的材料（一般來說是做成板狀，讓離子衝撞到板上，把這這種材料稱作「目標物」）中，離子會如何運動？

若氬（Ar）加速到1keV的話，速度可以達到秒速數千km。假如氬衝撞目標物，會產生各式各樣不同類型且相當複雜的撞擊（參27）。包括和目標物原子的正面衝突、偏離中心的衝撞、通過表面原子和原子間，與其中的原子產生衝突等等。被撞擊的原子，會因彈飛而衝撞其他原子，而被衝撞的原子，又會再次撞擊其他原子。此深度達數十原子層，若離子的能量變得越大，則可達到數百原子層。此衝撞的多重連鎖結果，使目標物表面層附近的原子從真空中飛出。

原子飛出的方向，如同撞球遊戲一般，比光的反射更像蒸鍍微小平面的放射特性（參照039），幾乎可得到遵循餘弦定律（Cosine Law）的結果。圖1即為此結果。虛線代表**餘弦定律**（Cosine Law），實線表示把水銀離子（Hg^{+}）放入鎳（Ni）的結果。幾乎都是遵循餘弦定律（Cosine Law），在水銀離子進入的方向反面，圓呈現凹陷狀態，且逐漸變少。表示離子的進入是其主要原因。

被濺鍍的原子能量很大，是蒸鍍的數十倍，且粒子量的速度幾乎達到1萬km/h（新幹線的30～40倍）（圖2）。這些都對濺鍍膜附著強度的好壞（參照027）有很大影響。

現今已大規模測量各式目標物材料的濺鍍率。因此，基板上薄膜的成長速度（nm/min，pm/min）可由裝置決定，若知道某種薄膜材料（例如銅）的成長速度，則其他材料（例如鋁）的成長速度立刻可透過計算得知（參照044的圖3範例）。

●放射特性幾乎都遵循餘弦定律（Cosine Law）
●被濺鍍的原子在高速下加強膜的韌性

圖1 濺鍍後原子的角度方向分布圖（參28）

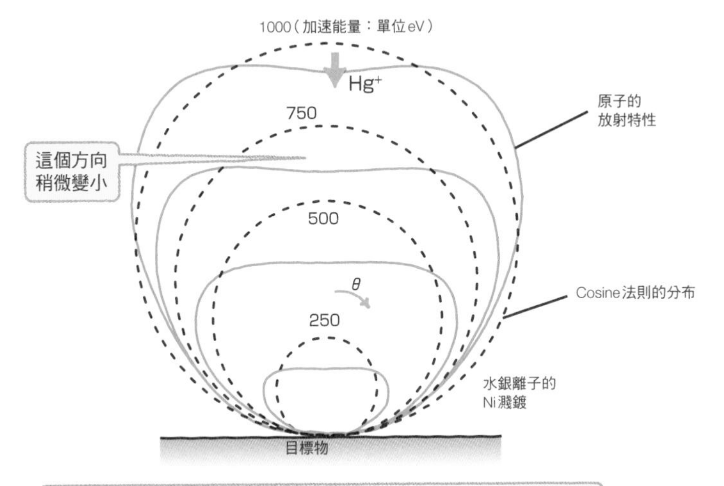

飛散出的原子放射特性幾乎都是遵循餘弦定律（**Cosine Law**）

圖2 濺鍍後粒子的速度分布圖（參29）

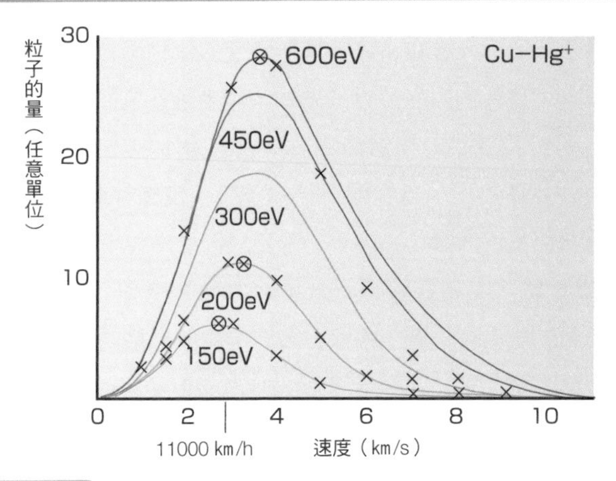

飛散原子的速度最大值：約11000km/h，是新幹線的30～40倍

用語解說

荷電粒子的能量→如格子狀的說明圖，左邊格子（電位0（V））的能量0的正離子A+，被右邊格子（電位−V（V））的負電位吸引，而朝右邊方向加速。通過右邊格子時的離子能量為V（單位記號為eV：電子伏特（electron volt））。這時的速度，因為會依粒子的質量而不同（越重的粒子速度越慢，越輕的粒子速度越快），故以加速電壓表示。

0(V)　−V(V)　A+

046 濺鍍的主要方式

濺鍍的薄膜製程，是從使用二極放電（參照036）的**二極濺鍍法**開始的。之後，朝更好的真空環境中製造更佳的薄膜邁進。

在表1整理了各式各樣的濺鍍方法。①是（036）的（a）中提到的二極放電形。二極放電形是用電漿中形成的離子敲擊放置在負電位陰極上的目標物，進而引起的濺鍍反應。放置陽極這一側的基板上則可以製作薄膜。二極濺鍍法適合運用簡潔的構造在大面積基板上製作均等的膜。但是，放電時必須使用高電壓，以及濺鍍時的壓力（真空度）必須提高等，皆為二極濺鍍法的不足之處。

②是利用（036）的（c）中提到的磁控管放電。此方式放電電壓低，到超高真空的濺鍍壓力都可能使用。今日若提到濺鍍法，**幾乎大半是指這種磁控管濺鍍法**。詳細的模擬形狀如圖1所示。

③是利用（036）的（e）中提及的ECR放電的**ECR濺鍍法**。雖然在低濺鍍壓力下可製成高密度電漿，但其裝置較複雜，且無法使目標物面積變大，都是ECR濺鍍法的缺點。此外，也有利用熱陰極的方式，請參考卷末的參考文獻。提到濺鍍的應用技術，可在濺鍍用的氬氣體上，混入氮氣（N_2）、氧氣（O_2）等反應性氣體，用以製作目標物的氮化物或氧化物薄膜（**反應性濺鍍**）。運用（049）的氮化鉭製造電氣阻抗用薄膜，可說是把濺鍍技術量產實用化的開始。

在基板上施加電壓從正數十V到負數百V的濺鍍方式，稱作「**偏壓濺鍍**」（Bias Sputtering）（應用在放電前的真空環境沒有非常完整成形時，或運用在防止因殘留的水蒸氣而氧化等情況）。而在目標物施加高頻率電壓的方式則稱作「**高頻率濺鍍**」。

●追求更好的真空環境及低電壓濺鍍而進化
●磁控管濺鍍法是現今的主流

圖1 各式各樣的濺鍍方式

濺鍍方式	濺鍍電流電壓 / 氬壓力	特徵	模型圖
① 二極濺鍍	DC1～7kV 0.15～1.5mA/㎠ RF0.3～10kW 1～10W/㎠ — 1Pa	構造簡單 適合使用在大基板上 製作一致的膜 利用高頻率（RF） 濺鍍絕緣物質	DC1～7kV RF M C(T) S A P 也有時候把C和A（S）做成同軸。
② 磁控管濺鍍	0.2～10kV （高速低溫） 3～30 W/㎠ — 10～10⁻⁶Pa	使用電場與磁場相交的磁控管放電。在Cu以1.8μm/min高速。最常在0.1～0.01Pa環境下使用。	S(A) B E C (T) S(A) ⊕B C(T) P
③ ECR濺鍍	0～數kW — 2×10⁻²Pa～	使用ECR電漿，能做成高真空各種的濺鍍。也可以降低損壞	A ECR P C(T) S

C(T)：目標物　S：基板　A：陽極　E：電極場　P：濺鍍電源　B：磁場

圖2 平板磁控管形電極

a 圓板形

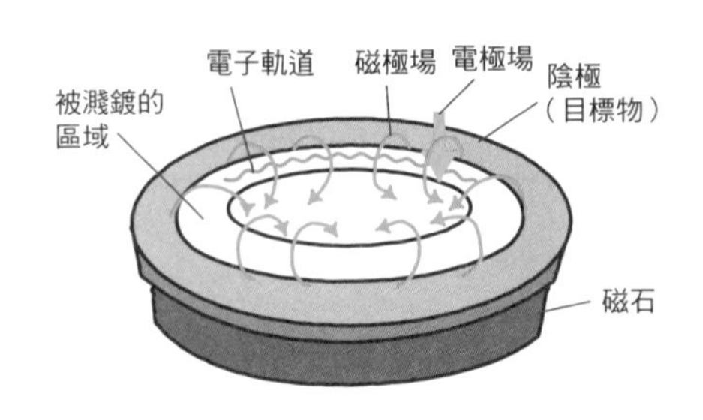

b 角板形

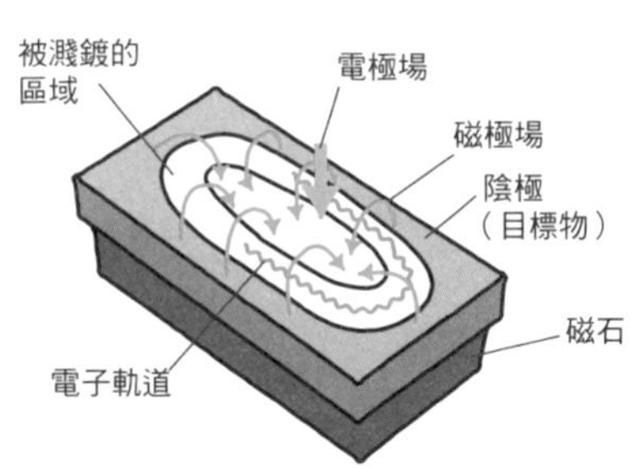

電子在磁力線的隧道中動作，自行持續的放電

以低電壓・定壓（高真空）為目標的磁控管濺鍍

取代截至1970年左右始終為主流的二極濺鍍，在1973年，成功開發利用磁場使壓力達10分之1、放電電壓為5分之1的方式。此為**磁控管濺鍍**的起源。用濺鍍法製造薄膜，需要用真空幫浦，儘可能的把包含濺鍍電極（Source）及基板的濺鍍室完全排氣成為真空環境，再加熱基板，進行離子爆發等活性化步驟。之後，維持排氣狀態將氬等等的氣體導入（排氣和導入氣體的相稱狀態由壓力決定）到特定的壓力（**濺鍍壓力**，0.1Pa左右）下。在濺鍍電極上施加電壓的話，會引起放電，產生濺鍍反應。圖1是磁控管濺鍍的放電模樣。可看見沿著磁場的環狀呈現出明顯又美麗的甜甜圈狀放電。

濺鍍速度（每分鐘薄膜能形成的厚度：μm/min）為，流入目標物的平均電流密度（mA/㎝^{2}）越大則越厚。磁控管濺鍍法（046）為各方法之中，能獲得最大電流密度的方法。因此即使是低電壓也能夠獲得快速的濺鍍速度（銅為1μm/min以上）。

圖2表示目標物的減少方式。沿著圖1的放電，逐漸減少成甜甜圈形狀。濺鍍最徹底的部位稱作「**侵蝕中心**」(erosion center)。若整體沒有減少，則代表材料的利用率不佳，使用貴金屬或高價材料時，可採行的因應對策包括使背面的磁石作用等。圖3即為一例。當磁石固定，能得到2～3倍的利用率，且可利用材料3分之2左右。

於裝置在大畫面電視上的數m角玻璃板上製作薄膜時，如圖4一般，一邊轉動目標物背面的大磁石，一邊進行濺鍍。磁控管濺鍍，即使在低電壓環境，也能製作出高真空的濺鍍，是今日的主流技術。

●磁控管濺鍍，在低電壓、大電流環境下，也能進行濺鍍
●提升材料的利用率，可靠轉動目標物背面的磁石

圖1 磁控管濺鍍放電的電漿（0.1Pa）

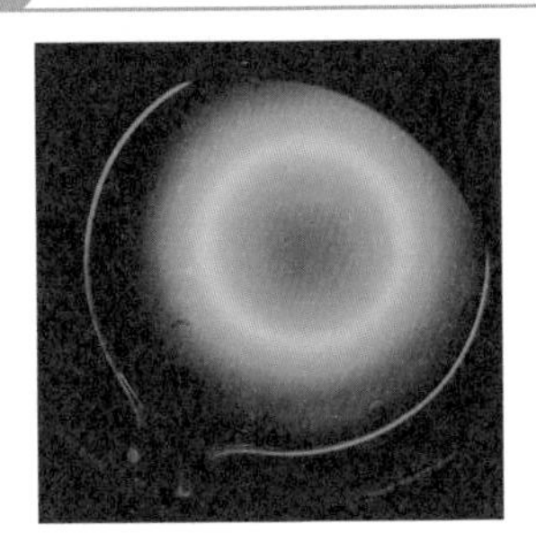

絢麗奪目的
磁控管濺鍍放電

圖2 被濺鍍的陰極形狀

徑方向長（cm）

7.5 5 2.5 0 2.5 5 7.5

蝕刻深度（mm）

0 0.5 1 1.5 2

R

侵蝕中心
（erosion center）

對應放電顏色較濃郁
的地方進行濺鍍

圖3 目標物的表面侵蝕

提供：佳能股份有限公司
（Canon ANELVA Corporation）

舊型、現在型（5個磁石固定）

新型（7個磁石搖動）

圖4 大型濺鍍目標物範例

提供：佳能股份有限公司
（Canon ANELVA Corporation）

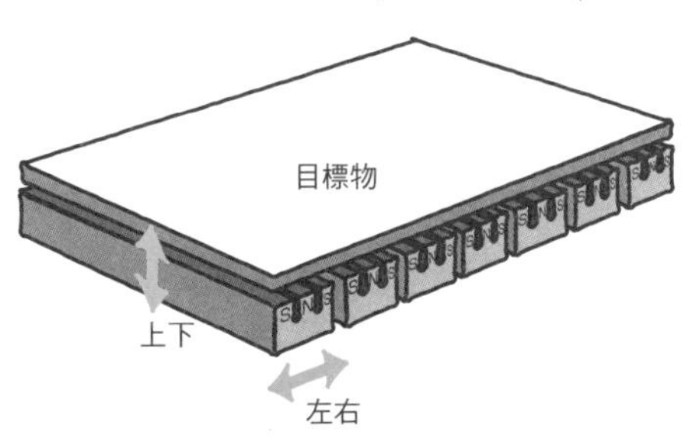

為了提升高價薄膜材料的利用率，使目標物的消耗一致，需上下・左右的調整目標物背面的磁石。目標物的大小，最高可達到m角。若與（039）圖1的點源比較，可知濺鍍屬於面光源

048 支撐半導體IC高積聚化的鋁合金濺鍍

1980年左右，IC（積體電路）的配線線路是利用純鋁材料配合蒸鍍法製成的。那段期間，為了要使IC能達到高密度化，必須將

①最小尺寸設定在比2.5μm更小，才可使階梯覆蓋能力（Step Coverage）完整地被製作出來（029圖1）。另外，

②作為電致遷移（electromigration，簡稱「EM」）斷線對策，而衍生出必須朝合金薄膜開發等。①是濺鍍的面光源性（若從基板上的差異點來看，因原子從各種方向飛來，因此Coverage會變好），②是不會產生組成變化，為了活用這些濺鍍的優點，因此從舊有的蒸鍍法朝濺鍍法逐步實踐。但是，製成的薄膜，在（ｉ）鏈結及（ⅱ）老化處理上，都有沒預料到的困難點。因此思索了許多因應對策。當時，普遍認為濺鍍是「在濺鍍壓力達0.3Pa之前要放入氬，因此先前排氣作業只要到10^{-4}Pa即可」。打破這種既定想法，開始嘗試「在10^{-6}Pa以下排氣，作為電致遷移斷線對策，使用含2%矽的鋁合金進行濺鍍」等條件（從蒸鍍經驗來看，可得知鋁膜能夠克服（ｉ）及（ⅱ）的問題）。結果得知，

圖1：當氧氣、氮氣、水蒸氣等有1%滲入濺鍍時氣體的話，鏡面反射率會突然急速下降。尤其當沒有徹底執行前置作業的排氣時，這個現象特別容易發生。

圖2：當基板溫度達150℃以上時，膜的軟硬會定型。

圖3：這個軟硬度可以使鏈結不良率幾乎是0。

圖4：膜的電阻阻抗率也會穩定（若是150℃以下的話，電阻阻抗率會變大）。

當時，能夠支撐半導體一層的高積聚化就達到目標了，因此長期使用這種鋁合金的濺鍍法（參30）。這是活用濺鍍面光源（和蒸鍍比較）及不引起組成變化等特徵最佳的範例。

●鋁合金的良質膜（質地狀況佳的膜），可在超高真空排氣及基板溫度150℃以上的濺鍍中獲得。可衍生出濺鍍的面光源性・組成不變性

圖1 氧氣、氮氣、水蒸氣的混入率及鏡面反射率的關係

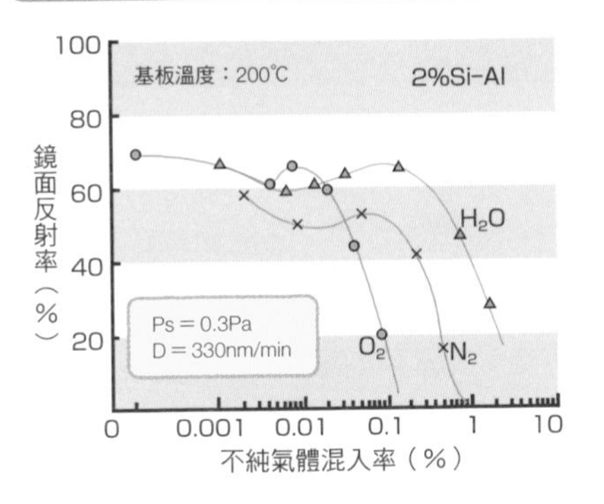

濺鍍氣體中即使僅混入微量的O_2、N_2、H_2O，光的反射仍會下降
（D：濺鍍速度）

圖2 基板溫度及2% Si－Al濺鍍膜維氏硬度試驗的關係

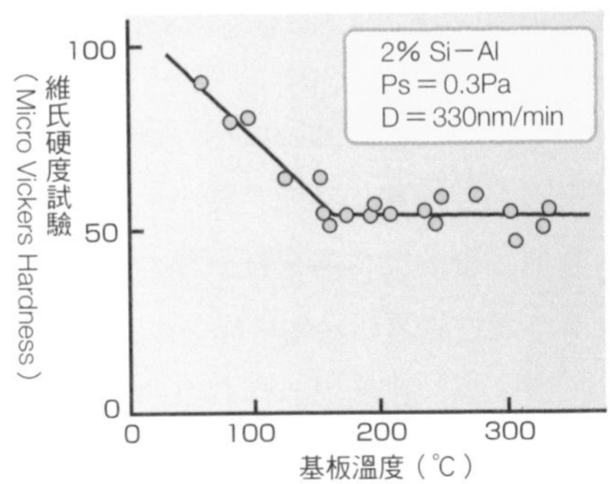

濺鍍時將溫度設定在150℃以上的話，膜的軟硬度會固定

圖3 維氏硬度試驗及鏈結不良率的關係範例

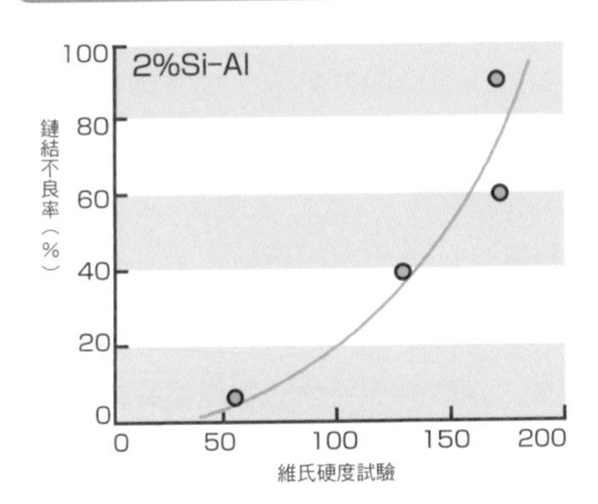

當硬度達50以下時，鏈結不良率會是0

圖4 2% Si－Al濺鍍膜的固有阻抗及基板溫度的關係

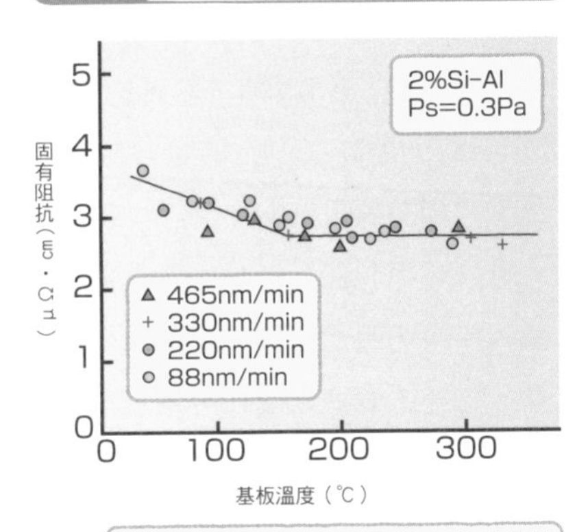

固有阻抗也是溫度設定在150℃以上的話，膜的軟硬度會固定

用語解說

鏈結（bonding）→在晶圓上製成多數IC時，把這些IC切斷統整成1個IC，為了和外部回路接續，而將有連接點（ping）的邊緣（frame）用金線接續起來，稱為「鏈結」（bonding）。

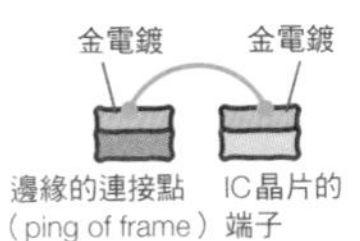

049

在反應性濺鍍中製作高性能電阻膜

電阻阻抗用的薄膜製程，最大的幾項要求，包括①電阻的經年變化要小、②電阻溫度係數（TCR）要小、③可取得期望的電阻阻抗率、④能和電容器這種其他類型的元件容易積聚結合，等4大項。如此一來，長期又穩定的薄膜，便可從活性物質化合物中產生。在這裡，鉭（Ta）非常受到矚目。

鉭（Ta）是具備活性力高的化學性金屬。正因如此，使用鉭製成的化合物具有長期穩定的特質。但是，因為鉭（Ta）是高融點金屬，無法輕易被蒸發，若採取蒸鍍法執行會有困難度（當時先考慮使用蒸鍍法）。

這時，嘗試使用的方法，是「**反應性濺鍍法**」。如圖1所示，首先，把各式各樣的氣體（CO、O_2、CH_4、N_2）混入濺鍍用的非活性氣體（氬Ar）中，測量已完成的薄膜具有的電阻阻抗率。這時，在氮化鉭（TaN）中，即使改變氣體的量，電阻阻抗率也不會變化，可說該領域是對生產有幫助的領域。此外，詳細調查電氣性能的結果如圖2所示。可知，在4～13×10^{-2}Pa混入氮氣的領域中，TCR（溫度變化1℃時的電阻阻抗變化）、電阻阻抗率 ρ 、加速壽命試驗（用實際使用時5～10倍電力加壓，室溫也提升到70℃等嚴格條件下進行的試驗）等相關的阻抗變化⊿R，每一項都非常穩定。

另外，氮化鉭（TaN）可透過**陽極氧化特性**，能在常溫的電解液中生成氧化膜。使用它將薄膜的一部分氧化，可以進行電阻阻抗膜厚及電阻阻抗值的微調整。若把這個氧化膜作成電容器的誘電體膜，則能夠很容易的製作電容器。因此，也了解到電容器和電阻抗阻容易集積化。從⊿R的變化及室溫25℃的一般作法，推測10年後的電阻阻抗變化會在＋0.05%以內，同時也滿足了上述①～④的要求。

●氮化鉭薄膜，TCR及 ρ 都很穩定，經年變化也很小
●陽極氧化，除了可當作電阻的微調整，也對電容器製程有幫助

圖1 反應性氣體的壓力及鉭質膜（Ta）電阻率的關係（參31）

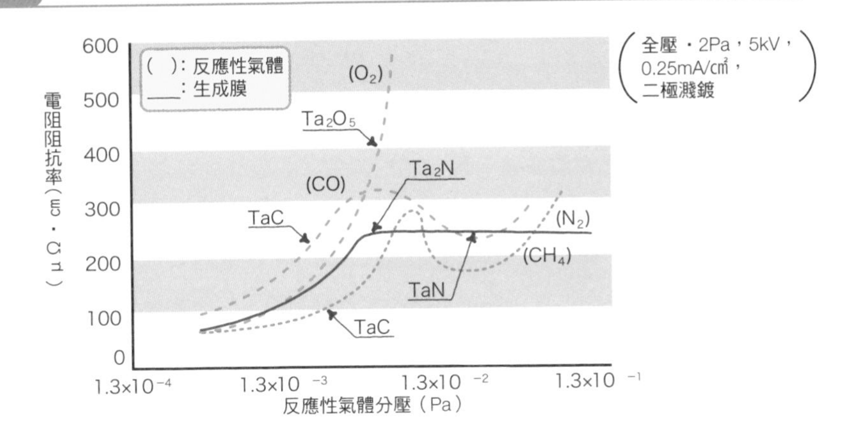

若改變反應氣體，則可從目標物（Ta）製造出絕緣物（O_2）、電阻膜等各種膜。此為反應性濺鍍佳的範例

圖2 氮化鉭質膜的TCR、ρ、⊿R的氮氣分壓變化（參32）

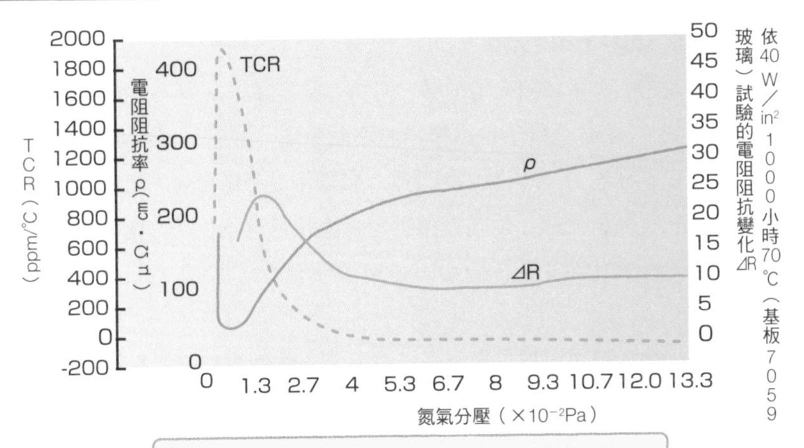

加速壽命試驗的結果，可知在氮氣分壓的廣泛範圍內，TCR、ρ、⊿R呈現安定狀態

用語解說

陽極氧化→如右圖所示，在電解液（例如草酸（oxalic acid）的乙二醇（ethylene glycol）水溶液）中放入氮化鉭（TaN）的薄膜，施加電壓後，可使陽極這一側的薄膜被氧化。

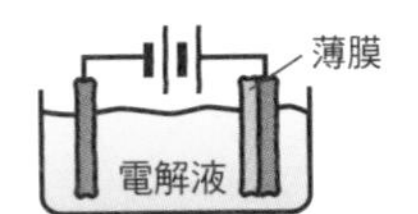

050 氧化物的高溫超電導膜可用濺鍍法實現

接下來介紹**氧化物濺鍍法**。氧化物的濺鍍，是氧氣的負離子（O^-離子）在目標物上成形，這些負離子濺鍍薄膜（目標物的正極電位吸引負極離子），而引發許多問題。尤其，若負離子能像氬那樣，使化合物各種成分相等的被濺鍍的話，問題應該會少很多，例如，當鋇進行濺鍍時，它不會像銅那樣，濺鍍時還挑選材料進行，導致薄膜的成分跟著改變。在氧化物濺鍍上，**高溫超電導膜**YBaCuO和透明導電膜這2種非常重要，但由於是氧化物，也免不了會有一些問題。

將氧化物高溫超電導膜的材料$Y_1Ba_2Cu_3O_7$（組成比為釔（yttrium）1：鋇（barium）2：銅（copper）3氧化物）製作成膜，這個1：2：3的組成比會有很大的偏差。圖2是調查膜的組成變化結果。把預想的目標物組成變化用虛線表示，實際變化部分用實線顯示，整體看來皆有偏移，尤其是侵蝕中心（erosion center）正上方偏移狀況最明顯。

若調查侵蝕中心位置的射入電荷體，可得知除了電子之外，負離子也有13%流入（圖3）。能量從負離子在目標物的表面生成（離子能量與目標物電壓V_T＝–165V時幾乎相等），會再度濺鍍薄膜。負離子並不像氬離子那樣，能夠使所有的元素進行相同的濺鍍，而是選擇特定元素執行濺鍍作用。圖2在侵蝕中心位置，銅（Cu）減少至2分之1，鋇（Ba）減少至3分之1左右，就是因為這個理由。

若要執行因應對策，可以在負離子不會飛濺到的地方，例如在與目標物表面垂直的方向放置基板等等（如015圖1的c，當中藍紫色虛線的位置：off axis法），能夠防止負離子的流入。

●氧化物的濺鍍需留意組成變化
●在目標物表面生成的負離子（O^-）是原因

圖1 氧化物的濺鍍

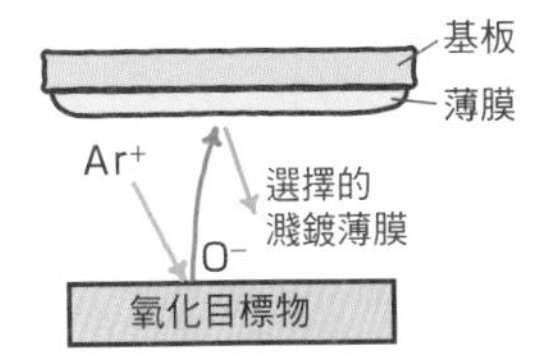

Ar+朝氧化目標物撞擊進入，和目標物進行濺鍍的同時，產生了負離子（O−離子）。負離子會選擇式的濺鍍已成形的薄膜。

圖2 YBaCuO磁控管濺鍍時的組成變化（參33）

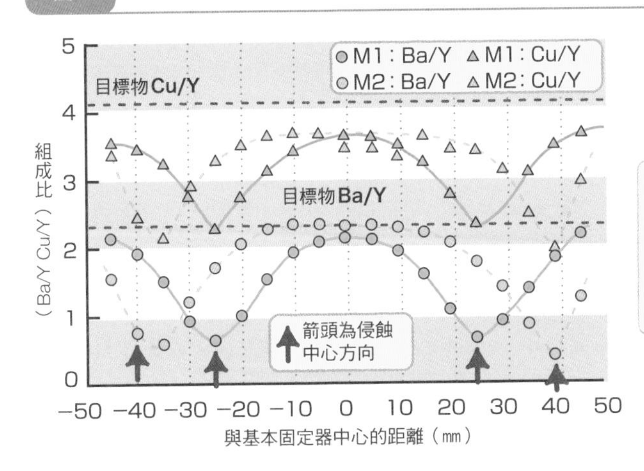

在侵蝕中心的位置成分變化很大。一旦移動侵蝕中心位置，成分線形中低谷的地方也會跟著移動。實線M1和虛線M2，各自代表該裝置的磁場形狀有差異所造成的結果。

圖3 各種材料直流濺鍍時，流入基板的負離子（O−）的能量分布（參33）

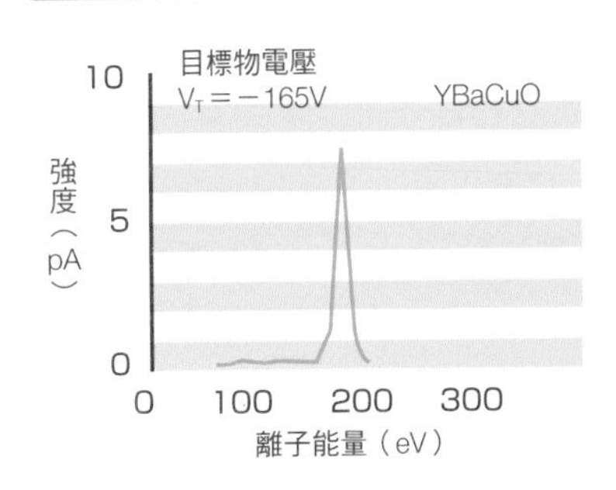

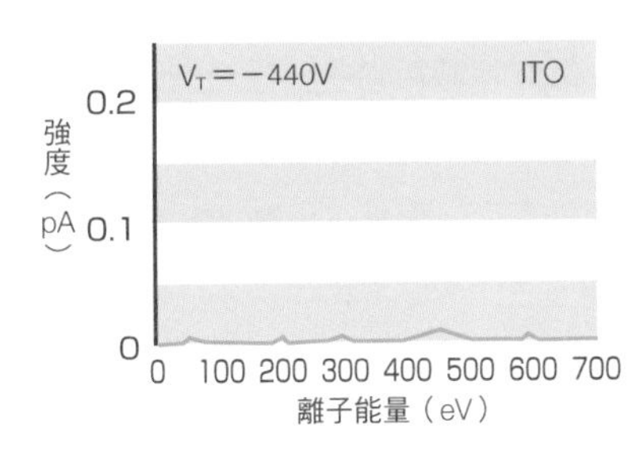

在侵蝕中心正上方O−電流大量流動

051 透明導電膜（氧化物）ITO可透過低電壓化實現

透明導電膜ITO也是氧化物，如（043）中所述，從以前開始就用蒸鍍法製造。但是，如今日的薄型電視機，需要把透明導電膜裝置在大面積的基板上，因此使用濺鍍法製作ITO膜的研究越來越盛行了。

用濺鍍法製作ITO膜的話，如圖1所示，可得知在侵蝕中心上電阻阻抗率會變大。另外，若降低濺鍍時的目標物電壓V_T的話，電阻阻抗率也會跟著下降。若在此時調查流入基板上的電流，如（050）圖3的右側圖所示，可得知即使電流很少，電流依然因負離子而在基板流動中。

如圖2所示，調查目標物電壓V_T及電阻阻抗率的關係，發現一旦降低目標物電壓（流入ITO薄膜的負離子能量），便能夠取得使用上相當低的$1\times10^{-4}\Omega$ cm以下的電阻阻抗率。

另一方面，相當重要的穿透率（透明度），也幾乎能確定在可視光波長領域（400～700nm）中能取得接近90%的值，可知能夠充分使用穿透能力（圖3）。

再者，若在濺鍍氣體（氬）中添加水分（H_2O），能得知電阻阻抗率會越發低下。添加H_2O的這個步驟，對於薄膜成型化時具備能穩定薄膜的老化處理的速度（參照第11章）極佳，整體而言在製作過程中會帶來正面的影響。因此，濺鍍ITO膜也可成為能充分利用的材料，而使大型基板的透明導電化成功。

氧化物濺鍍當中，需特別注意負離子的活動。此外，目前已知在金（Au）或釤（samarium，元素符號為Sm）的濺鍍時，也會使負離子成形。這些雖屬於特殊案例，但是在侵蝕中心上膜有異狀時需特別注意。

●基板的放置方式，以濺鍍電壓的低電壓化來因應

圖1 ITO時的位置及目標物電壓V_T的電阻阻抗率變化（參34）

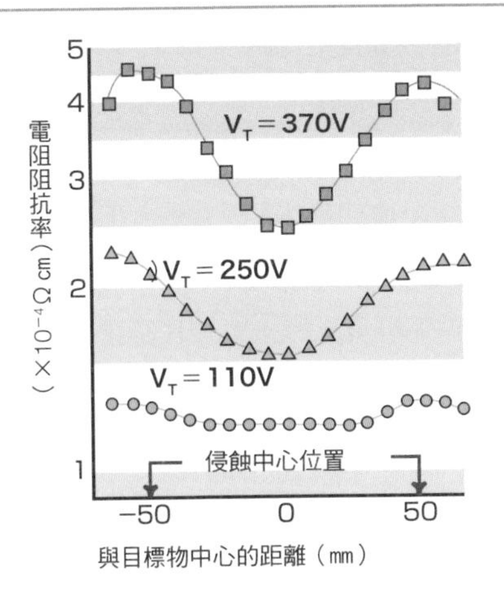

侵蝕中心位置上的電阻阻抗率很高。若降低目標物電壓V_T的話，影響會減少

圖2 電阻阻抗率的目標物電壓V_T的變化（參34）

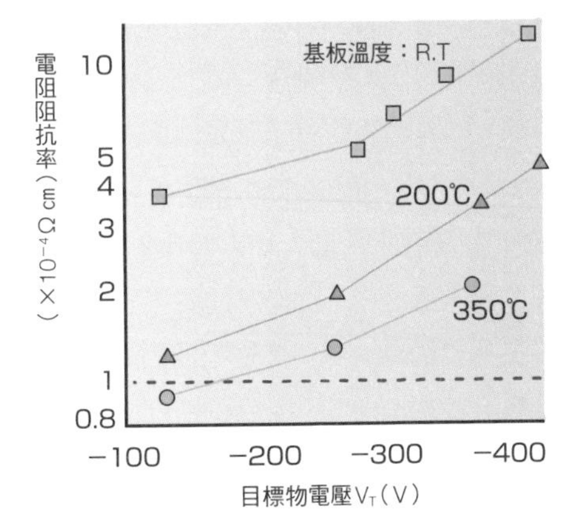

圖3 ITO膜的分光穿透率（參34）

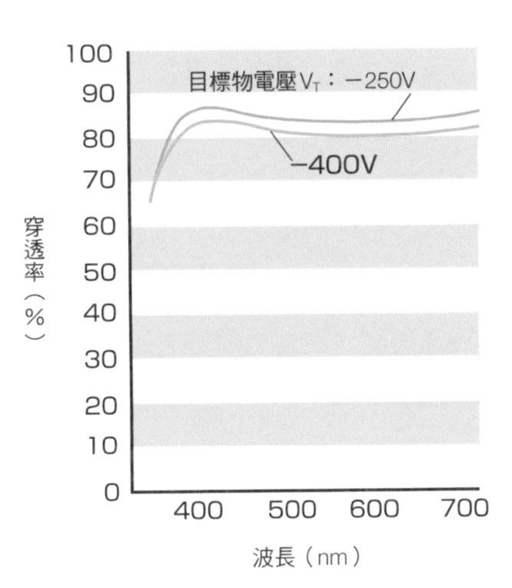

降低濺鍍時的目標物電壓V_T的話，電阻阻抗率也會下降

降低電壓的話，穿透率也會變好

052

從在平面上搭載薄膜的時代邁入在超微細孔中裝載薄膜的時代

在矽晶圓的表面上，製作了數千億個平均約1.5㎝大小的電晶體，為了安排線路，因此在電晶體上面又製作數千億個電容器（儲存記憶用），或製作記憶部等各零件。這些製作工程，必需先在電晶體上方製作絕緣膜，從上面開一個孔（老化處理），在孔中導入銅或鋁來安裝線路。這時，如果絕緣膜的厚度能夠製作的薄一點，問題就會比較小，但絕緣膜的厚度同時也代表耐壓的能力，因此不能弄得太薄。為了能呈現高密度化，若將孔的數量以倍數增加的話，孔從必須保持耐壓狀態，到轉變成細長的樣貌，而圖像畫面比例（Aspect Ratio，簡稱「AR」，參照029）也跟著變大（直徑小，但AR大）。若此時要把鋁等金屬放入孔中，則回路配線的成型就會越發困難。而且，數千億個孔的配線如果不能在10分鐘內設置完成，就無法製作成成品。

上述內容，意味著現在已經從必須在具有些微不平整的面上搭載薄膜的**階梯覆蓋能力**（Step Coverage）時代（044），移轉到在**孔中導入**（immersed）薄膜的時代了。假如AR變得更大，從斜面方向飛濺過來的原子就會附著在入口附近，使入口變得窄小。這樣一來，要把配線導入孔內就變得很困難。

最初採取的對策，是如圖1般，拉大基板和目標物的距離。結果如圖2，底部覆蓋範圍（Bottom Coverage）（參照029）變得更好了。同時，也提高了基板的溫度（圖3的a）。提高基板溫度達200～400℃的話，原子成形初期的液體狀態會變長且呈現流動化，對導入有幫助（回溫處理：re-flow）。接著，Cu或Al的原子在中途產生離子化而流進孔中（圖3的b），然後在孔的入口周圍製造潤滑層，使Cu或Cu^{+}能夠很順暢的滑入孔內等（圖3的c），都是可採行的對策。

●IC是用微細孔導入或填充方式配線
●以普遍型濺鍍→長距離型濺鍍→回溫處理（re-flow）的方式演進

圖1 長距離濺鍍

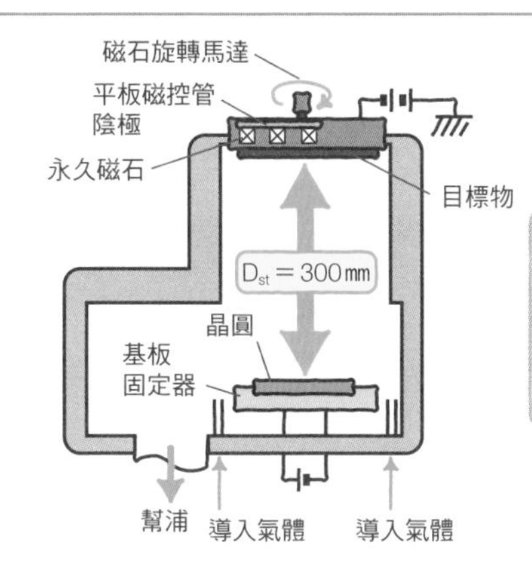

拉大基板和目標物間的距離D_{st}，可使磁場的狀態改善外，還能成功使濺鍍達到低壓化，如同容易讓遠方的光進入底部的洞，讓原子也容易進入

圖2 底部覆蓋範圍（Bottom Coverage）的比較（參35）

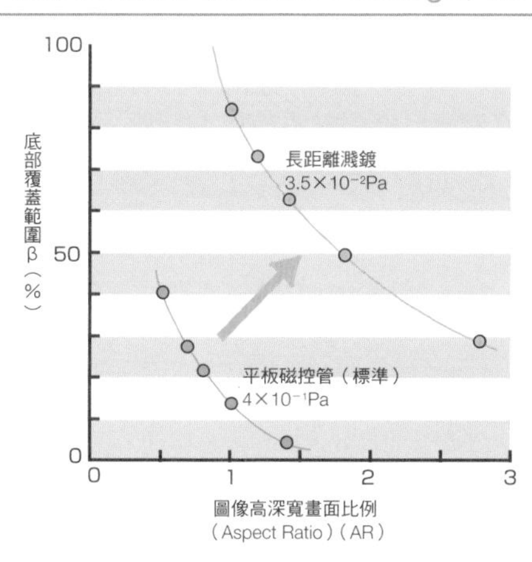

底部覆蓋範圍大幅轉變成優良的狀態

圖3 超微細孔的嵌入概念模擬

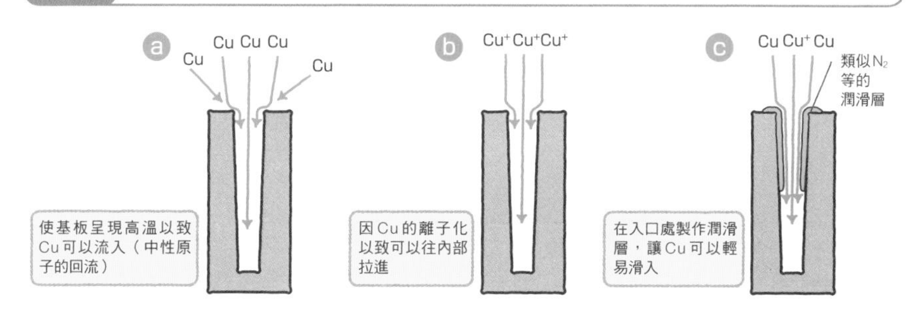

使基板呈現高溫以致Cu可以流入（中性原子的回流）

因Cu的離子化以致可以往內部拉進

在入口處製作潤滑層，讓Cu可以輕易滑入

053 利用離子的力量導入到超微細孔中

（052）圖3的（b），是使被濺鍍的原子在飛行中途正離子化，同時把基板設定成負極電位，使基板吸引後產生離子化原子的一種方式。這種方式稱為**離子化濺鍍**。其代表意象圖如圖1。

（a）是被濺鍍的原子在高密度電漿中被離子化，朝負極電位的基板加速，往孔內直線前進的方式。和離子鍍法（Ion Plating）的直流法（040）圖1的（a）很相似。（b）是在電漿中放置捲起的高頻率導線，以促進離子化進行。

圖2的右圖，是圖像畫面比例（AR）5的孔中，用**精密電鍍**（063）法把銅完全導入的例子。但是，在利用電鍍法浸入前，必須要先在孔內部全部搭載可導電的薄膜（sheet層）。因為若電流無法通過，是沒有辦法進行電鍍的。圖2左邊即為一例。先製作普通磁控管濺鍍100倍左右而壓力狀態14Pa的高密度電漿，利用類似圖1（a）的方式，即可在孔的內部做出完整的覆蓋膜。為了使放電在高壓力狀態下能夠有效執行，可採取將數個小磁石放置在基板背面的方式（Point Casp Magnet，簡稱「PCM」。只利用PCM法沒辦法全部浸入。後面單元會介紹，透過進行電鍍方式（063），達到完全浸入）。圖3如（052）圖3的（c），是當作潤滑氣體使用，在濺鍍氣體－氬（Ar）當中混入1%的氮氣再進行濺鍍的例子。在0.1Pa的環境中進行高真空濺鍍，只搭載膜厚僅20nm的銅薄膜，孔徑130nm、AR＝5的孔可完全被浸入。膜雖然很薄，但Cu可以徹底浸入到孔中，認為應該是有潤滑層輔助的因素。所謂的**高真空濺鍍**，是把磁控管濺鍍的磁場和電壓設定在10倍，使之在高真空環境下能夠放電的一種方式。

●AR大的微細孔，利用濺鍍法製成的Sheet層＋精密電鍍
●AR小的微細孔，利用濺鍍法導入

圖1 離子化濺鍍

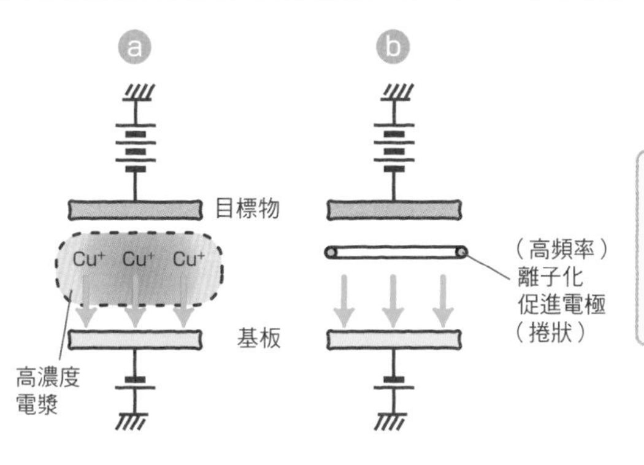

（a）是在高密度電漿中進行濺鍍離子化的原子。
（b）是在基板－在目標物之間放置離子化促進電極等，進行濺鍍離子化的原子

圖2 PCM濺鍍的Sheet層（左）及電鍍的導入（右）

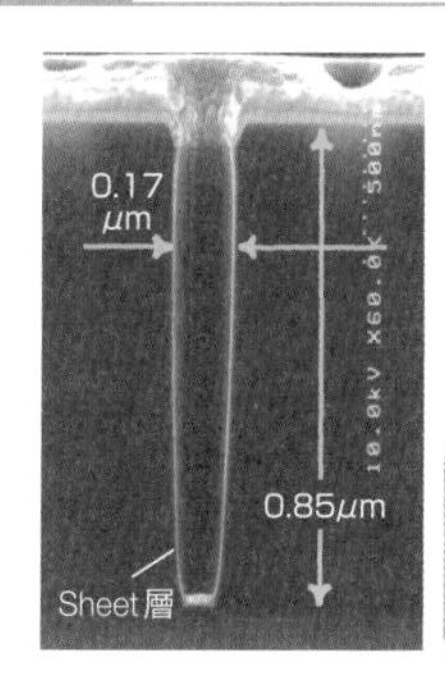

在絕緣物SiO_2的孔中進行電鍍時，為了使電流流入孔的內側，故需要導體層（Sheet層）

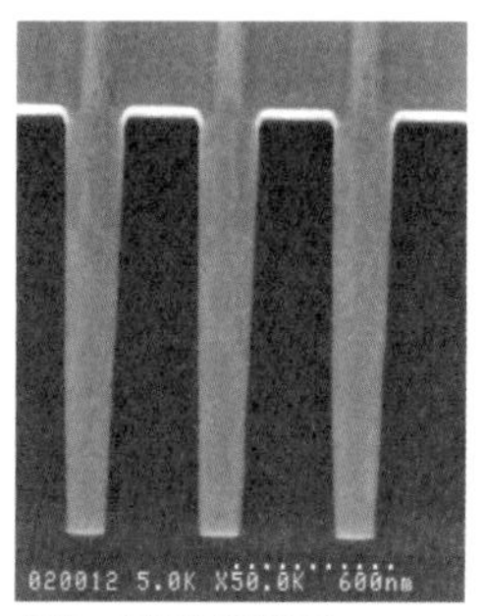

提供：佳能股份有限公司
（Canon ANELVA Corporation）

圖3 使用潤滑氣體的銅薄膜的導入（參36）

僅搭載20nm的銅薄膜，卻依然能導入進微細孔

054 朝高真空濺鍍及不含氬的時代邁進

在濺鍍法中，為了要引起放電，經常會使用氬作為輔助。就算只有很微量少許的氬，還是有可能會依附在薄膜當中，變成一個問題（例如020的圖3）。本單元將介紹關於減少氬使用的相關研究（參37）。

把（035）圖3正中央的磁石放大，且目標物表面和放電空間的磁束密度也一同放大到以往的10倍時，一旦目標物電壓（放電電壓）也增強到10倍（之後，可知以倍率增加是會有幫助的），則會出現如圖1般即使在10^{-5}Pa的環境下，依然能引起放電（稱作「**高真空濺鍍**（Hi-vacuum sputter）」）的現象。當然，比此壓力低的環境下也能夠引起放電。濺鍍也可以進行。濺鍍的速度，是壓力一降低就會變慢，因此不適合用於製作厚薄膜的情況。但若是緩慢的製作薄膜，重視其結晶性或成分的話，則相當適合使用此方法。如（053）的圖3，在導入到超微細孔時，運用此方式可獲得有效的結果。

此外，也研究了完全不使用氬的方式。

如圖2所示，在大電流中進行銅平常的濺鍍方式時，一旦停止氬的導入，目標物電壓便會上升，但放電會自行持續。這如同圖3右圖所示，因為被濺鍍的銅在中途被離子化，所以會濺鍍目標物。這時候因為不導入氬，因此變為是不含氬的超高真空濺鍍。銅本身離子化又進行濺鍍的這項特性，被稱作**自發性濺鍍**（Self Sputter）。可測得濺鍍速度達μm/min的高速，因為銅原子和氬撞擊的時候不會扭轉飛行方向，在微細孔導入的應用上也備受期待。但是，這項技術只能使用在濺鍍率高的金、銀、銅上，因此需要特別注意選擇濺鍍材料。

- 若增加磁束密度，在高真空也能進行濺鍍
- 金、銀、銅，能夠自發性濺鍍

圖1 高真空濺鍍的特性

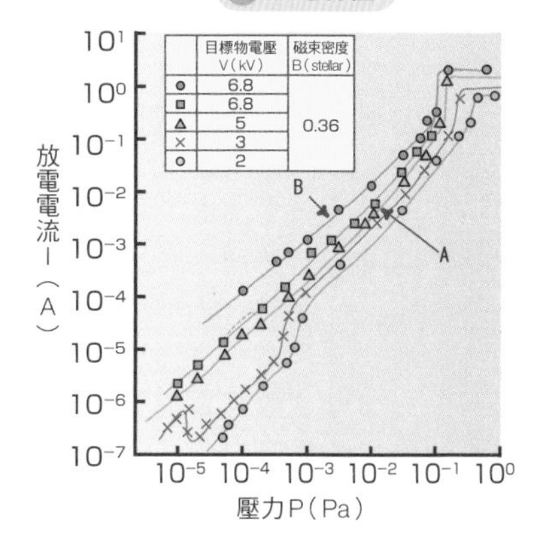

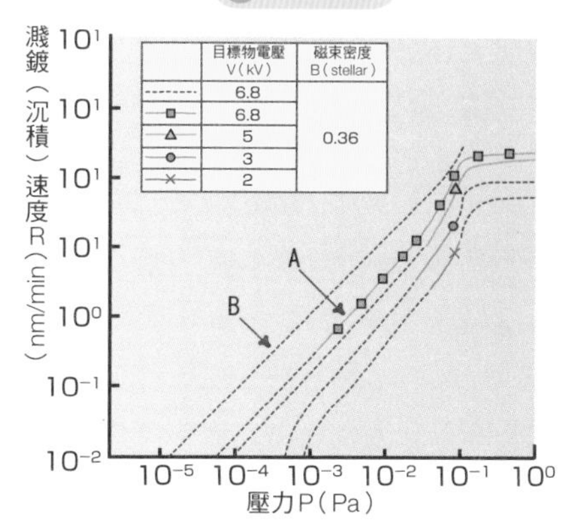

（點線是從圖1的電流計算）

把磁束密度（磁場）設定在10倍左右，電壓（V）設定為數倍，雖然放電電流會減少，但放電即使在10^{-5}Pa以下還是會產生，也依然會引起濺鍍反應

圖2 自發性濺鍍（Self Sputter）的放電特性

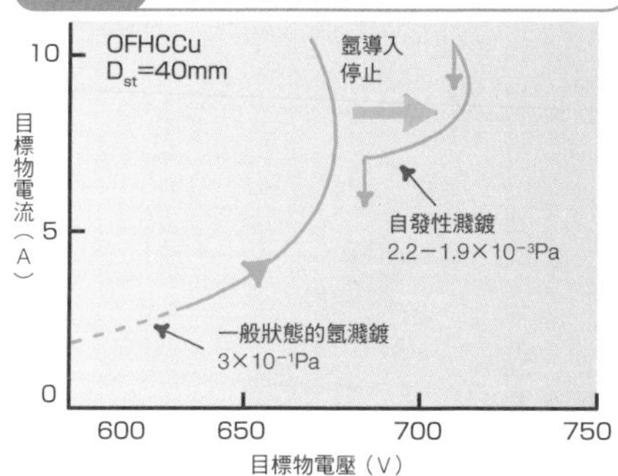

在銅的濺鍍中，一旦停止氬的導入，目標物的電壓會上升，之後即使不進行氬的導入，放電還是會自行持續

圖3 自發性濺鍍（Self Sputter）

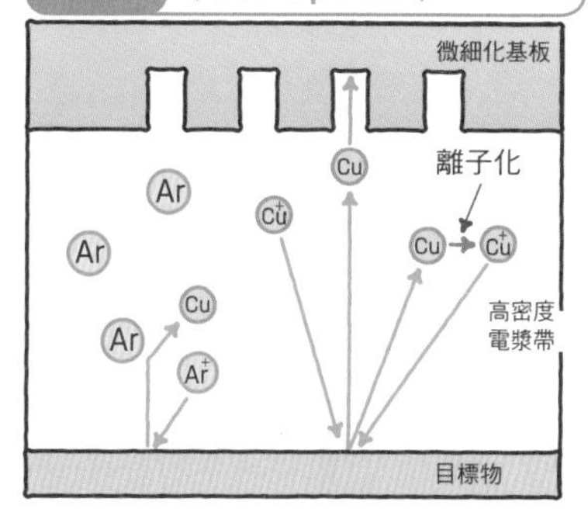

被濺鍍的銅因為沒有含氬，以直線前進方式進入微細孔當中。有一部份會變成離子，進行銅目標物的自發性濺鍍（傳統的自發性濺鍍方式如左圖，無法用氬Ar改變飛行方向）

COLUMN

從煙霧（氣體）製作固體（薄膜），宛如一場魔術

無論是蒸鍍（Evaporation）法還是濺鍍法（Sputter），都是選用與想要製成薄膜相同材質的固體（線、棒、固體硬塊、板）進行，把這些固體材料蒸發或者用離子衝突方式分解成原子或分子，進而製作成薄膜。但氣相沉積法（Chemical Vapor Deposition），則是從氣體直接製成薄膜。當然，氣體當中必須要含有欲製作薄膜的原子。把想使用的原子，做成容易變為氣體的化合物（氣體Source：氫化物或鹵化物（Halogenide）較多），導向易引起化學反應的高溫基板表面，引發反應後製成薄膜。例如，$SiH_4 + O_2 \rightarrow SiO_2 + 2H_2$一般，就能製成二氧化矽膜。

用這個方式做成的膜，高溫上膜質相當好，但若是應用在塑膠這種不耐熱的基板上，便很難進行膜的製作。此外，只要有高溫表面和氣體Source就能夠製作膜，因此不論是複雜形狀的基板或齒輪，即使有（029）中提到的深凹槽，還是能經常的搭載薄膜（此稱作「來回旋轉極佳」）。以材料為例的話，舉凡切割工具、削磨器具、車輪軸等，都能在上面搭載不易磨損消耗的薄膜。當然，也能夠製作電性卓越的薄膜。

由氣體製作薄膜的氣相沉積法

利用在表面引起的化學反應製作高性能薄膜的技術為氣相沉積（Chemical Vapor Deposition）法。
若可以尋得具有欲製成薄膜成分的氣體或液體，
其成分單體（例如矽）在製成上當然沒問題外，
亦可製作其化合物（氧化物SiO_2、氮化物SiN4等）成分的薄膜。
因為是在表面進行反應，因此可以在微細孔中導入薄膜，
能製作出高溫反應上優質的薄膜。

在氣相中從氣體生成薄膜（固體）

如圖1所示，欲製作成薄膜的元素，例如若有含矽（Si）的化合物矽烷（SiH_4）的話（氣相），從其中抽取出矽成分，則可以製成矽薄膜（固相）。這樣的技術稱作「**氣相沉積**（Chemical Vapor Deposition，簡稱「**CVD**」）**法**」。

反應類別包括熱分解、還原、氧化、置換等等。

矽薄膜（熱分解）	SiH_4 →（700～1000℃）→ Si ＋ $2H_2$
矽薄膜（還原）	$SiCl_4$ ＋ $2H_2$ →（～1200℃）→ Si ＋ 4HCl
二氧化矽薄膜（氧化）	SiH_4 ＋ O_2 →（～400℃）→ SiO_2 ＋ $2H_2$
鉻薄膜（置換）	$CrCl_2$ ＋ Fe →（～1000℃）→ Cr ＋ $FeCl_2$

這些反應的現象，包括①反應氣體向基板表面擴散、②反應氣體向基板表面附著、③在基板表面上引起化學反應、④副生成氣體從表面脫離・擴散退去（排氣）等，可在基板表面上生成薄膜。

氣相沉積法因為會在高溫時產生反應，因此可製成質地優良的薄膜，同時，這種膜也可成為在表面反應時覆蓋性（Coverage）相當出色的膜，不適合應用在耐熱度較弱的基板上。

反應裝置的範例如圖2所示。裝置的核心重點為**反應爐**，有許多方式正被研究開發中（參照*056*）。作為活性化能量（ε）運用熱能的方式稱為「**熱CVD**」（也經常單純以CVD稱之）。從反應爐壓力判別，可分為「**常壓CVD**」（NP-CVD）及「**低壓CVD**」（LP-CVD）兩大類。最初是從常壓CVD開始應用在實務上，但後來為了追求膜厚、電阻分布、改善生產性等，而促成了低壓CVD的開發。此外，為了達到低溫化處理，而促使「**電漿CVD**」誕生。運用氣相沉積法可製作的膜以圖3表示。可說其應用非常廣泛。由於電漿作用時相當激烈，有可能造成基礎的電晶體受損。為了避免這種狀況，因而衍生了光CVD。

●在基板表面引起化學反應製作薄膜
●由於在高溫中製作薄膜，因此能做出質地優異且覆蓋性佳的膜

圖1 氣相沉積（CVD）法概念

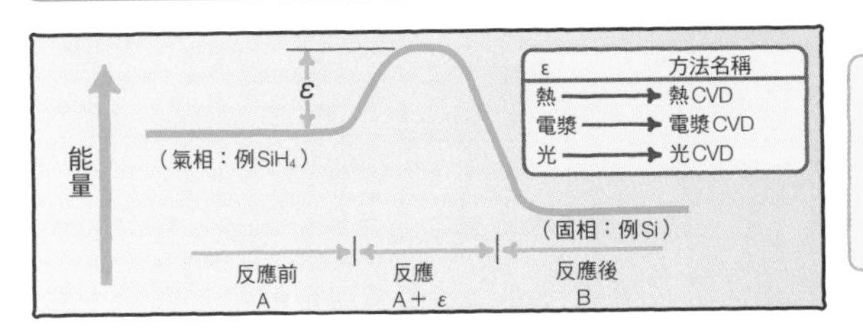

CVD法，就是氣相氣體材料（A）獲得能量（ε）而做出反應（A＋ε），在周圍的固體表面上析出固體薄膜（B）。為了要引起反應，因此需要導因 ε

圖2 CVD裝置的一般構成圖

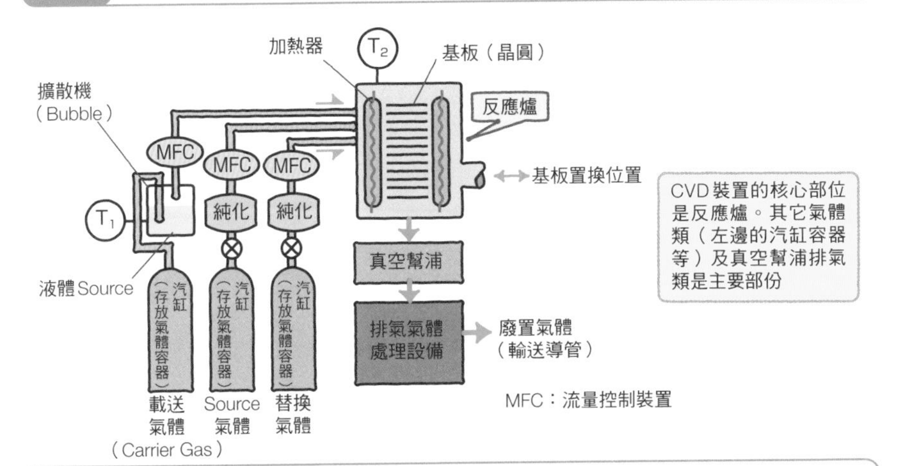

CVD裝置的核心部位是反應爐。其它氣體類（左邊的汽缸容器等）及真空幫浦排氣類是主要部份

圖3 運用CVD法製作的薄膜例

種類	薄膜	Source氣體	氣化溫度T_2（℃）	反應溫度T_1（℃）	載送氣體
單體金屬	Cu	$CuCl_3$	500～700	550～1000	H_2或Ar
	Al	$AlCl_3$	125～135	800～1000	〃
		Al（CH_2-CH）	38～	93～100	Ar或He
合金	Ta-Nb	$TaCl_5+NbCl_5$	250～	1300～1700	〃
	Ti-Ta	$TiCl_4+TaCl$	250～	1300～1400	〃
碳化物	ZrC	$ZrC_4+C_6H_6$	250～300	1200～1300	〃
	WC	$WCl_6+C_6H_5CH_3$	160～	1000～1500	〃
氮化物	TiN	$TiCl_4$	20～80	1100～1200	N_2+H_2
	Si_3N_4	SiH_4+4NH_3	－	～900	〃
硼化物	TaB	$TaCl_5+BBr_3$	20～190	1300～1700	H_2
	WB	WCl_6+BBr_3	20～350	1400～1600	〃
矽化物	MoSi	$MoCl_5+SiCl_4$	－50～130	1000～1800	〃
	TiSi	$TiCl_4+SiCl_4$	－50～20	800～1200	〃
氧化物	SiO_2	SiH_4+O_2	－	～400	〃
	Ta_2O_5	Ta（OC_2H_5）$_5$	－	－	－

可製作許多薄膜。碳化物、氮化物、硼化物（Boride）多用於加強工具的耐磨消耗性；氮化物另可用於裝飾；其他則多應用在電氣類方面

056 將多種CVD方式實用化

在這裡，有個堅硬的物質。若將這個堅硬物質裝在工具表面的話，工具的壽命雖然可以增加，但融點變高，蒸鍍會變得困難。加工成板狀也會困難。此外，更深入調查的話，此物質的化合物有液體狀態的。

這樣的物質，正如被應用在工具上的碳化鎢WC和WCl_6（液體），對氣相沉積法正合適（參照055的圖3碳化物一欄）。氣相沉積法就是從這樣的狀況下開始的。對半導體關係人員來說，氣相沉積（CVD）法具有以下幾項極具魅力的優點，可廣泛應用在各種領域中。包括①表面反應：覆蓋性佳，即使是較深的孔中也能導入（參照029相片）、②在高溫中製作：可做出質地較佳的膜、③沉積速度快、④可使用多種氣體：可製成多成分膜等。但是，因為反應時可能會有預料之外的氣體存在於薄膜周圍，遇到需要特別注意純度的狀況時，必須要確保不讓不純物質進入到膜中。此外，也不適用於不耐熱的基板。

熱CVD的心臟部位是**反應爐**。其主要形式以圖1表示。電漿CVD或光CVD的基本構造也和此構造相同。重要的是①可放入大量基板、②可加熱至均等溫度、③Source氣體可平均分布、④反應結束的氣體可立即排出等4項。圖1的（a）將容器放成橫向，基板放成縱向。（b）是把容器放成縱向，基板放成橫向。這是現今的主流裝置。（c）將基板採放射狀擺放，（d）是運用一個個大型基板，（e）是利用帶式運輸機（belt conveyor）。

圖2是**電漿CVD裝置**。在基板前面，（a）是採用二極放電，（b）是在無電極放電下製作電漿。例如氮化矽膜的情況，可將反應溫度從熱CVD的750℃下降到250℃左右。製作添入許多設備，對於最後收尾時製作保護膜（耐濕膜）等相當的具有幫助。

- 反應爐在收納多數基板、均等加熱、Source氣體出入等項目中非常重要
- 低溫化要使用電漿CVD或光CVD

圖1 熱CVD反應爐的形式

形式	a	b	c	d	e
分類	橫形	批次排列形 縱形	放射形	半截形	連續形
加熱方式	IR（紅外線） 電阻加熱	IR（紅外線） 電阻加熱	燈	電阻加熱 IR（燈）	電阻加熱 IR（燈）
應用範例	複合型氧化物 （doped oxide） Si_3N_4 多結晶Si	低溫氧化膜 多結晶Si（RF） Si_3N_4膜	外附結晶（epitaxis）	低溫氧化膜 Si_3N_4 金屬（W） 外附結晶	低溫氧化膜
概念圖	晶圓 晶圓 容器	晶圓 容器 均熱板	晶圓 容器	晶圓 容器	晶圓 帶式運輸機
主要運轉壓力	LP	NP LP	LP	LP	NP

LP：低壓CVD
NP：常壓CVD

反應爐的形式、反應氣體的流動方式、加熱源的方式或放置方法等，都需要費許多工夫

圖2 電漿CVD裝置的基本構成範例

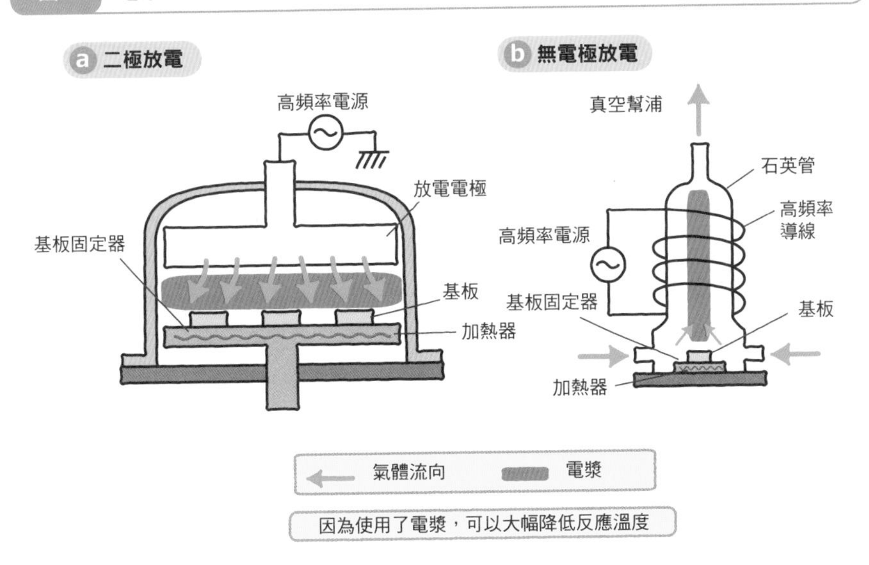

因為使用了電漿，可以大幅降低反應溫度

057 對IC生產極重要的矽類型薄膜仰賴CVD製程

接下來談談薄膜製程的具體內容。

在半導體產業，最常使用熱CVD法的是**矽類型薄膜**。如圖1所示，運用矽烷（SiH_4）或二氯矽烷（SiH_2Cl_2）使之在基板表面反應，可製成單結晶、多結晶、氧化物、非結晶、絕緣物、氮化物（耐濕膜）等物質。

單結晶膜，如（023）中提到，通常應用在使基板平坦化。多結晶膜則經常在回路配線線路及電晶體電極等製程中使用。氧化膜的用途非常廣泛，包括①用於老化處理的光罩使用（成長速度大相當重要：透過水蒸氣進行氧化反應）、②作為電晶體的性能穩定用（絕緣性很重要：透過高純度氧氣進行氧化）、③電晶體和電晶體的元件分離（在高純度氧氣中進行高壓氧化）、④超薄氧化（氧氣緩慢的進行氧化：絕緣性的提升）等。遮罩用氮化矽也相當重要。

利用電漿達到低溫化也十分重要。這和（056）提及的最終耐濕膜的低溫化同樣重要。此外，如（031）所述，先製作大面積的非結晶膜，再將其製成多結晶矽化產品的也是利用**電漿CVD法**。薄型電視用的液晶，就是透過非結晶矽製成的電晶體動作。用雷射使之多結晶化時，則必須要使用氫含量低的薄膜（參照058）。若使用一般的製作方式，氫含量會偏高，須格外下工夫。

一旦IC的高密度化持續演進，便會特別希望將電容器做成超小型。在表面做出凹凸狀藉以擴張表面積的**HSG膜**便是代表例之一（圖2）。在矽基板上搭載矽的非結晶膜，僅需極短的時間，便能在二矽烷（disilane，元素符號Si_2H_6）上結成核（a的上圖）。若將這些核進行熱處理，核就會成長（a的下圖）而形成凹凸半球狀表面積大的膜（b）。再將此進行氧化，在上面搭載電極膜的話，電容器就完成了。

●矽類別的薄膜量產要靠CVD製程
●透過電漿可達到低溫化目標

圖1 運用CVD法的矽類別薄膜製程

	熱CVD				電漿CVD		
薄膜	單結晶	多結晶（Poly-Si）	氧化矽（SiO、低溫SiO_2）	氮化矽（SiN）	氮化矽（SiN）	氧化矽（SiO）	非結晶矽（α-Si）
反應氣體（Source氣體）	SiH_4	SiH_4	SiH_4 O_2	SiH_2Cl_2 NH_3	SiH_4 NH_3	SiH_4 N_2O	SiH_4
反應溫度（℃）	1250	600	380	750	200～300	300～400	200～300
反應壓力（Pa）	100～5	100	170	100	27	133	100
成長速度（nm/min）	1000～4000	8	10	4	30	50～300	50～200

矽類別薄膜主要是用CVD法製作

圖2 HSG膜的製程、成長、及在回路裝置上的應用

提供：日本電氣股份有限公司
（日本電気株式会社）

a 晶粒的成長

α-Si
SiO_2
Si
α-Si上的核形成

α-Si
SiO_2
Si
晶粒成長

b 在裝置的應用

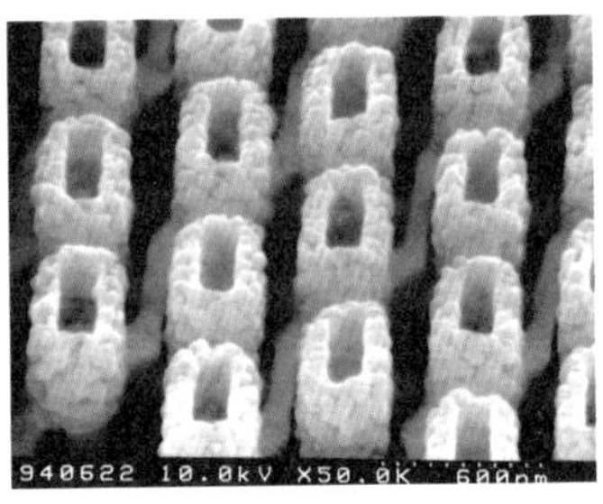

HSG電容器絕緣膜

製作凹凸幅度大的薄膜，將表面氧化，製成電容器

用語解說

HSG膜→Hemispherical grained Si膜的簡稱。是半球狀的矽質膜

058 高精細電視用的矽薄膜

現今，不但電視的地波（ground-wave）可數位化，對角線1m大小的液晶電視機也已普及於一般家庭。而且還是高清晰度的電視機。這些新型的電視機和傳統的類比電視機相比，僅是高畫質部份改變，且畫素也大幅增加了。這些意味著電晶體的尺寸縮小及組裝的密度提高。因此對於製作電晶體的矽膜也開始要求須具備同等的高性能化。

矽膜用單結晶製作雖然很理想，但體積小的矽晶圓以及比矽膜小的單結晶薄膜都無法這樣生產。製作這種大面積用的電晶體，通常採用可以使廣面積呈現一致的非結晶膜（α-Si膜）。但是，隨著普遍要求電晶體須精小且具備高性能等條件，非結晶矽在這些要求上顯得有其極限。在此背景下，雖然開始嘗試把矽膜做成多結晶膜，但製作大面積的多結晶矽膜並不是容易的事。最後，採用了用雷射光照射傳統型的**非結晶矽膜**來達到多結晶化的方式（參照031）。

現在，如圖1所示，在高溫中進行電漿CVD法已成功降低氫含量。同時，在不使用電漿，透過利用鎢絲引發矽烷（SiH_4）分解的方式，也已在300℃左右的低溫中成功製作出氫含量3%以下的非結晶矽膜（圖2）。目前CVD的研究，朝未來超高密度IC製程中所需要的極薄、高信賴度氧化膜等目標項目進展中。若在圖3的電漿室中分解矽烷，僅把活性種往基板引導而製作氧化矽的話，能產出漏電流少且作為氧化物信賴性高的極薄膜（圖4）。

●薄型電視用的高性能電晶體，可從透過雷射照射氫含量較少的非結晶矽膜產出的多結晶化膜來製作

圖1 運用基板加熱使氫濃度降低

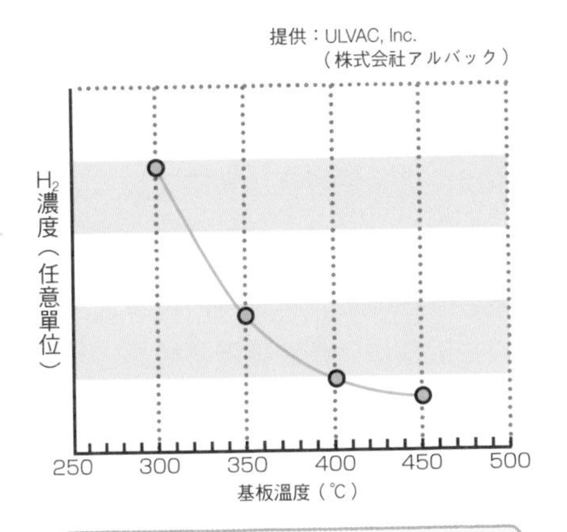

設定基板溫度達400℃以上的話，可充分減少H_2含量。

圖2 Cat-CVD裝置範例（參38）

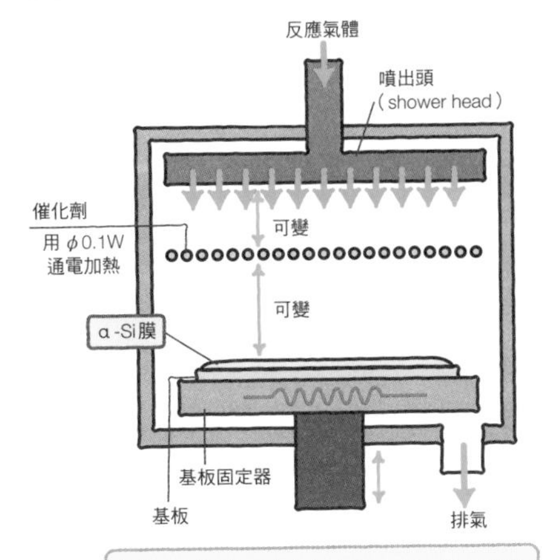

運用鎢作為催化劑製造分解薄膜。H_2含量減少。

圖3 RS-CVD裝置範例

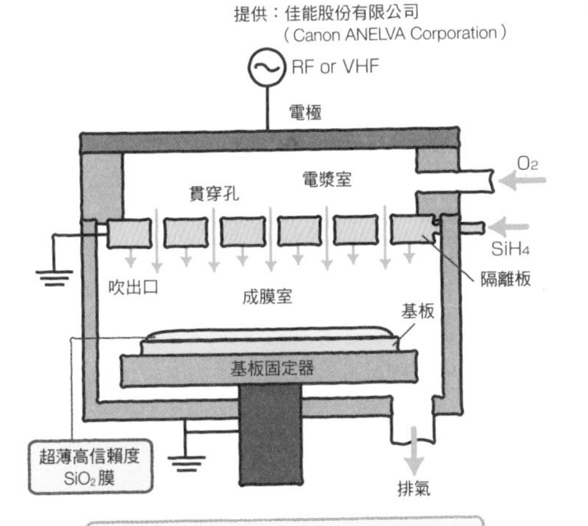

在上方的電漿室引導活性化氧氣的分解物到基板上，製作SiO_2薄膜。可做出不太會漏電的高品質膜。

圖4 利用RS-CVD做成的SiO_2膜

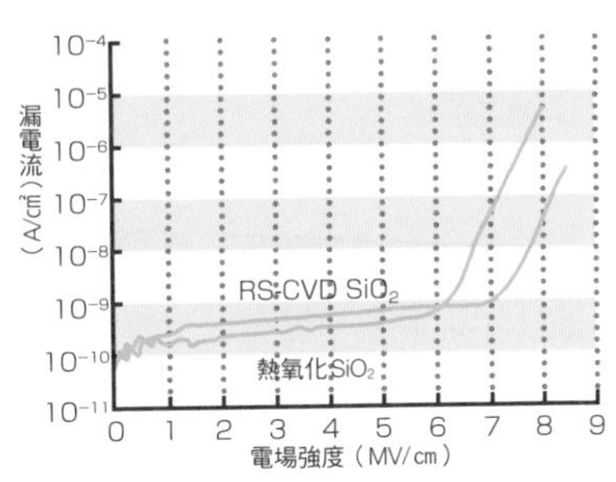

若使用RS-CVD，可做出和熱氧化SiO_2膜（絕緣膜的理想）同等級以上的絕緣膜。

用語解說

Cat-CVD → Cat是Catalytic（催化劑、觸媒）的簡稱。鎢（W）或燈絲都具有催化劑的反應。歐美稱為Hot-wire CVD。

RS-CVD → 透過Radical（活性種，自由基）噴水方式的CVD。

059 製作高誘電率薄膜及低誘電率薄膜

為了實現高密度化，在電容器小型化的進展上，非常需要**高誘電率薄膜**。另一方面，對於在總延長達數km的配線線路上高速地傳遞信號，會需要配線間的小靜電容量，也就是指**低誘電率薄膜**。為了要實現這兩種完全相反的目標，氣相沉積（CVD）法等研究便相當盛行。因為氣相沉積法只要能善用各種氣化源氣體，便能夠合成許多不同樣式的材料。

電容器的容量C，若將電極的面積視為S、絕緣膜的厚度視為t、比誘電率視為ε_s、真空的誘電率視為ε_O的話，便能成立$C = \varepsilon_s \cdot \varepsilon_O S/t$的關係。這個公式中，因絕緣膜的厚度t為了維持耐壓性，不能夠降的太低。電極的面積S也從高集積化這個條件，即使想要增大也終究只能變小而已。目前能做的，似乎只有增加比誘電率ε_s的這個方式而已。

圖1是將可能使用的材料依照比誘電率的值的排序結果。以SiO_2→SiN的順序發展，現在已是Ta_2O_5（$\varepsilon_s \fallingdotseq 24$）的時代。到目前為止介紹的是一般常見的化學反應。

下一個世代受人注目的主角BST及PLZT（這兩種都是依其原本的化合物元素符號而得到這個代稱）是運用被稱為「強誘電體」的材料。其塊材的組成及結晶性非常重要。但是，可預期這些材料的合成方式等皆相當具有難度。

關於信號的傳遞，非常期望可以降低電阻R及電容器容量C。而ε_s的值最小的情況是真空狀態$\varepsilon_s = 1$的時候。在配線線路間沒有填充物的懸空配線等同於這樣的狀況，但這樣的狀態對於抵禦外來力量的能力很薄弱，因此還是需要有填充物輔助。製作出和$\varepsilon_s = 1$相近的材料是目前努力開發的目標。以圖2說明概要狀態。在無機・有機材料之外再添加多孔材料，各種研究正熱烈的進展中。因為「掌控了材料，就掌控了技術」。

- 耐壓性維持→膜厚不能太薄。高密度化→電極面積要小
- 電容器需要ε_s大的膜，配線需要ε_s小的膜

圖1 高誘電率膜CVD的成長

薄膜	Source	反應溫度 基板溫度（℃）	基板	比誘電率
SiO_2 矽氧化物	SiH4（矽烷）+ O_2 $SiCl_4$	≒400 600～1000	Si	4
SiN 氮氧化物	SiH_2Cl_2（二氯矽烷，dichlorosilan） NH_4	600～800	Si	8
Ta_2O_5 氧化鉭	Ta（OC_2H_5）$_5$+O_2 pentaethoxy tantalum	400～500	SiO_2	20～28
BST （BaSr）TiO_3	Ba（DPM）$_2$（bis dipivaloylmethanats） Sr（DPM）$_2$（bis（DPM） strontium） TiO（DPM）$_2$（titanyl bis（DPM））、O_2 有機溶劑：THF（tetrahydrofuran：C_4H_8O）	420	Pt/SiO_2/Si	150～200

為了縮小電容器尺寸，主要研究重點放在比誘點率高的膜。

圖2 低誘電率材料及SiN、SiO_2

分類	名稱	構造式（模式圖）	比誘電率	耐熱性	形成法
一直以來的絕緣物	矽氧化物 SiO_2		3.5～4.4	～1200℃	CVD
	矽氮化物 SiN		>7.8	～1200℃	CVD
Low-k的矽氧烷類（siloxane）（SiO類）	氟添加SiO_2 （SiOF）	[-Si(F)(O)-O-Si(O)(O)-O]n	>3.5	～750℃	CVD
	SiOC （MSQ、MHSQ）	[-Si(CH_3)(O)-O-Si(O)(O)-O]n	2.3～2.4	700℃	CVD

和電容器狀況相反，為了減小配線和配線間的靜電容量，主要研究重心為比誘電率較低的膜。

用語解說

信號延遲→ 信號通過R_1，將C_1充電的同時又通過R_2並將C_2充電…，以此方式傳遞信號。當C×R越大，信號傳遞就會越慢。

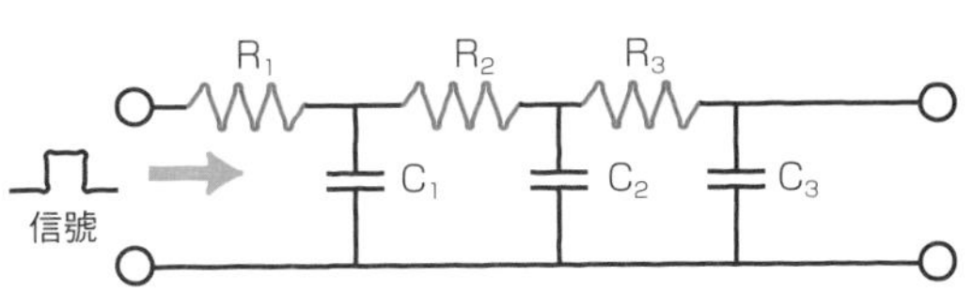

060 金屬及導電膜都可用氣相沉積法製作

矽類型的薄膜開發持續演進之外，作為**電致遷移**（Electromigration，簡稱「EM」，參照032）的對策，銅（Cu）或銅類型的配線也十分受到注目。因此，非化合物金屬的氣相沉積法也廣被研究。

圖1是金屬類型的種類及Source氣體等的概要整理。

鎢薄膜，如（029）的圖2說明，經常被當作配線與配線間的接續插頭使用。其應用方法，有只在矽上面以選擇方式般薄膜成長的「選擇性成長」，以及不論基板的材料為何，如同用毛毯（托架）覆蓋一般地成長的「均一型成長」。現在，普遍應用成長速度較快的均一型成長，多餘的部分會在事後利用老化處理除去。

雖然鋁膜也能從氯化物製作（參照055），但也有將鋁（Al）的有機化合物在導入中途用熱的活性化製作薄膜的方式。在矽基板上靠磊晶成長（Epitaxy）的鋁單結晶膜，雖然電致遷移（EM）耐性極佳，但在絕緣物上無法達到單結晶化。

銅的氣相沉積膜和多結晶鋁膜相比，電阻阻抗率和電致遷移耐性都相當卓越。使用類似Cu(hfac)tmvs的有機物的Source氣體，用150～300℃、13～650Pa的熱分解製作。在基板表面提高Source氣體的流動速度，也研究裝設加快反應完畢Source氣體的消除的角笛形氣體引導裝置（圖2的a），也有像（b）一樣地完全填滿充塞的例子。

圖1提及所謂的「**圍牆金屬**（Barrier Metal）」，是鋁（Al）或銅（Cu）在矽（Si）或矽氧化物中擴散時，為了避免使它們破損，而在雙方接觸的面上薄薄設置的一層擴散防止膜（圍牆層）。鈦（Ti）和鉭（Ta）的氮化物（導體）經常被如此應用。

●金屬氣相沉積法的配線線路裝置也廣被研究
●銅的薄膜不但低電阻，電致遷移耐性也非常好

圖1 金屬及導體的CVD

用途	薄膜	Source氣體	反應溫度（℃）	反應壓力（Pa）
配線線路	W	WF_6	200～300（選擇成長） 300～500（一樣成長）	0.1～100
	Al	$(i\text{-}C_4H_9)_3Al$、$(CH_3)_2AlH$	250～270	10～300
	Cu	Cu（hfac）tmvs、$Cu(hfac)_2$	100～300	10～500
圍牆金屬（Barrier Metal）	TiN	$TiCl_4+NH_3$、$Ti(N(CH_3)_2)_4+NH_3$	400～700	10～100

配合用途，進行金屬及導體膜製程的研究。TiN雖不是金屬，但因具有導電性，可搭配用途作為金屬使用。

圖2 Cu-CVD裝置的最新方式（參38）

a 若增加氣體的流動速度，可使用追求統一化的牛角狀氣體引導器的Cu-CVD裝置

b 在180℃、210Pa、30nm/min環境時，導入φ0.22、圖像畫面比7的孔的斷面相片（白：SiO_2、黑：Cu、灰色：Si）

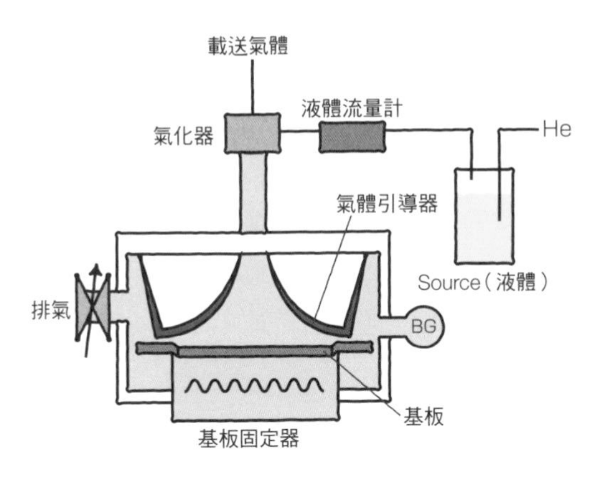

運用表面性質改變法製作氧化、氮化薄膜

表面性質改變，是基板的表面本身變化成其他物質（氧化物或氮化物），變化的部位會變成強韌的薄膜，不需要煩惱會否剝落等問題。

製作氧化膜的裝置，和（056）圖1的a的CVD類似，將反應室橫向、縱向擺放，使用收納多數基板的裝置。從氣體的流動、溫度分布、抑制雜質產生等特點，縱向擺放逐漸變成主流。

圖1是應用在這些裝置的燃氣管。（a）是使高純度脫離子水蒸發，引導到用均熱管等物品加熱水蒸氣的基板表面進行氧化作用。若是矽基板，可製作出二氧化矽（SiO_2）膜。這是針對高速氧化的方式。（b）是添加氧化氣體後進行作用，（c）是僅用氣體進行反應的方式。氧氣（O_2）的狀況，若是氧化物、氮氣類氣體的話，可製作出氮化物的薄膜。（b）和（c）都是一點一點送出氧氣，緩慢地進行氧化，適用於想要製作高品質氧化膜（即使很薄，漏電流也很少的膜）的時候。

把表面性質改變的方式整理如圖2。想要快速氧化的時候，可使用水蒸氣類型的方式；重視電氣的特性且想要進行氧化或氮化時，可利用乾式類型的方式。若使用電漿的話，可以把反應溫度降低至100～300℃（參照056的圖2）。

用上述等方式製作的氧化膜或氮化膜，並非只是單純不易脫落，在電氣的、機械的方面也顯示出具有極佳的性能。在電氣領域中，氧化膜和氮化膜是當作絕緣阻隔膜或步驟程序膜使用。厚方向的分子數量僅僅是幾個極薄氧化膜（厚度1nm），而耐壓性和絕緣性皆相當出色的氧化膜目前也廣被研究中。

在機械領域中，例如可氮化及硬化類似齒輪般零件的表面，已成功達到長壽命化的目標。

- 所謂的表面性質改變，是指表面本身產生化學性的變質而做成薄膜
- 碳化膜及氮化膜在表面硬化及耐磨耗性都極佳

圖1 熱氧化裝置的燃氣管

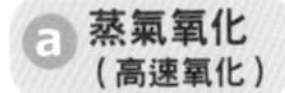

b 濕式（Wet）氧化（絕緣強度・面罩用）

c 乾式（Dry）氧化（氮化）（電晶體氧化膜）

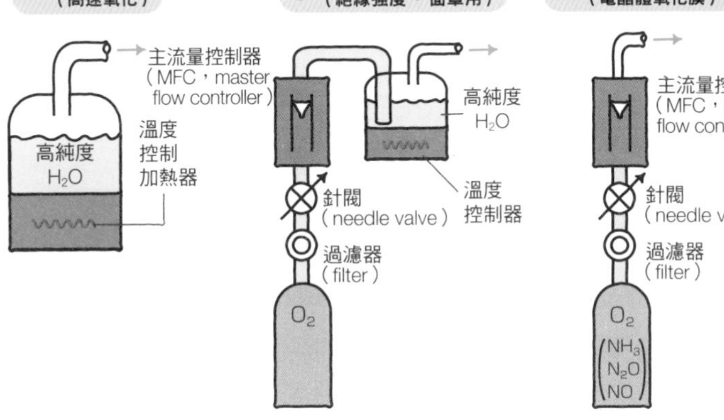

熱氧化時燃氣管相當重要。對不同類型的管子，需個別下功夫。

圖2 氧化・氮化等表面處理

		方法	反應類型	備註
氧化膜	熱氧化	蒸氣氧化*	100%H_2O、H_2O/Ar、1000℃	氧化速度大
		濕式氧化*	H_2O/O_2、1000℃	絕緣強度極佳
		乾式氧化	O_2、1000℃	利用Pb添加，可增速、添加→MOS安定
		高壓氧化	H_2/O_2或O_2	10～20氣壓。適用於厚的膜。
		稀釋氧氣氧化	O_2+N_2一般，使O_2的濃度變淡	用於超薄氧化膜
		H_2+O_2燃燒	$H_2+O_2 \rightarrow H_2O$	─
	其他	電漿氧化	O_2電漿	利用電漿。低溫化可（600℃）
		自由基氧化	O、O_2自由基	原子程度的平坦性
氧氮化膜（熱）		氧化→氮化	氧化→氮化	可達5nm以下。對加強閘門氧化膜的信賴性有幫助。
		氮化→氧化	氮化→氧化	
氮化膜		乾式氮化	N_2或NH_3、KCN或NaCN	中碳素低合金鋼（氮化鋼）
		電漿氮化	N_2、NH_3/載送氣體	基板陰極、銅

*：水蒸氣類。其它為乾式類別。

對設備很重要，不易剝落的膜多是採用這種方式製成。

COLUMN

從水（液體）當中取出薄膜（固體）

在溼氣多的地方，鐵會生鏽變成咖啡色，銅會浮現出青綠色。因金屬一遇到鏽就很容易出問題，為了避免生鏽，必須要放置在沒有濕氣的地方。

用濺鍍法（Sputter）製作IC用的鋁薄膜時，正在為好不容易能在去除水分的高真空中完成製品而感到安慰的同時，實在是對「IBM在IC配線線路上使用銅電鍍」這則新聞感到相當震驚。真空環境中令人操心的是「在水中製作薄膜」這件事。而且還能夠緊密附著在深層孔中的。那是所謂的「赫曼（Hermann）雙重層」，對利用真空技術的人來說是很令人震驚的層的。

然而，「Mekki」（電鍍）這個詞是和製日語，在日語表達上不會使用外來語代表這個字。古時候書寫成「鍍金」來表達這個詞意，特指為大佛塗上美麗的金色的技術。是使用金汞合金（金和水銀的合金：從希臘語的malagma（柔軟之意）而來）來包裹大佛。之後，有一種說法是，書寫為「鍍金」的這個詞被以「Mekki」（電鍍）的唸法傳誦至今。

在液體中製作薄膜的電鍍

即使是在液體中製作薄膜，也可以做出幾乎和在真空中製作的一樣。
造成這效果的原因，是赫曼（Hermann）雙重層。
其薄膜的成長，和CVD有同樣的表面反應。
依照添加劑（為促進平滑化的調平劑）・電鍍法的工夫，
擴大了因磁性膜、銅而使微細孔填滿充塞等用途。

062 進化的電鍍技術

在粗糙光澤的鐵製品上進行電鍍的話，會瞬間變得亮晶晶且美麗耀眼。若是製作成大型的金杯、銀杯，則會綻放出幾乎令人瞠目結舌般的美麗光輝。但這些都是在稱為電解液的液體中製作而成的物品。在IBM把銅電鍍應用在IC配線線路之前，能運用的電鍍技術就如同在真空環境中製作高性能薄膜般，是連想都不曾想過的。而且IBM的發表中，對於當時許多人煞費苦心製作的微細孔埋入狀況評價相當好，實在令人感到非常驚喜。

若要大致區分電鍍技術的話，整理結果會如圖1一般。蒸鍍（Evaporation）或濺鍍（Sputter）屬於乾式電鍍。**電氣電鍍**是使用電解液的電鍍法，圖2是銅電鍍的原理示意圖。銅電鍍，在使用含類似硫酸銅（$CuSO_4$）的銅化合物的電解質這部份，與氣相沉積（CVD）法相似。在電鍍液中加入的添加液或平滑劑是重要的秘方。電流一流動，銅的正離子（Cu^{2+}）會往負電極流入，在那邊會形成電鍍。

無電解電鍍中沒有使用電解液。利用銀鏡反應製作鏡子就是一例。硝酸銀（$AgNO_3$）的氨水（含銀離子），以及放入在含福馬林（formalin，也稱甲醛水）或葡萄糖等還原劑的化學電鍍液中清洗乾淨的玻璃板，在玻璃表面產生氫氣的同時，銀膜也附著到玻璃表面上。無電解電鍍也能夠應用在絕緣物品上，從1946年左右便已急速發展開來。現在，已廣泛在磁碟、磁頭、塑膠成型品等項目上使用。**溶融電鍍**，是類似鍍錫鋼皮（tin plate，俗稱「馬口鐵皮」）或鍍鋅鐵皮板（galvanized sheet）一般，將鐵板通過高溫融解的錫或鋅後再進行電鍍。

這些電鍍技術當中，因為**機能型電鍍**（精密電鍍）十分重要，在（063）會詳細說明。

●電氣電鍍，使用含想要鍍金的材料的電解液
●鏡子是利用沒有使用電解液的無電解電鍍，在不導電的狀態下製造而成的

圖1 電鍍的種類

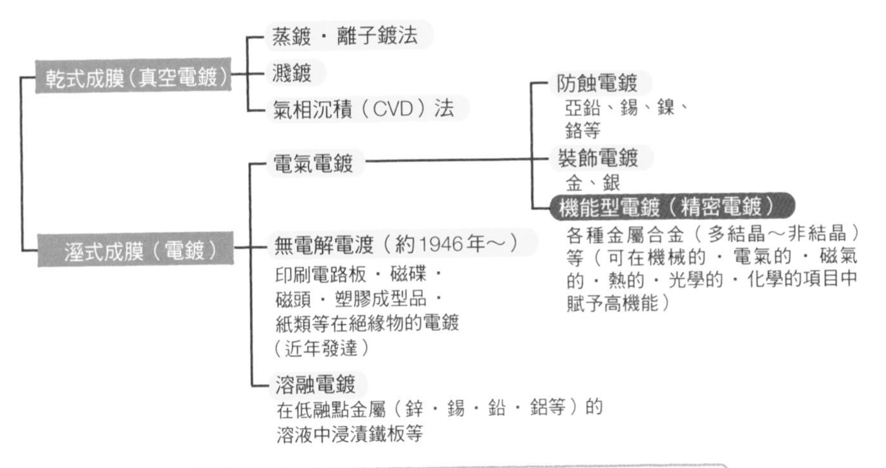

液體中製作的機能型電鍍（精密電鍍）在電氣領域大受歡迎

圖2 銅電鍍的原理

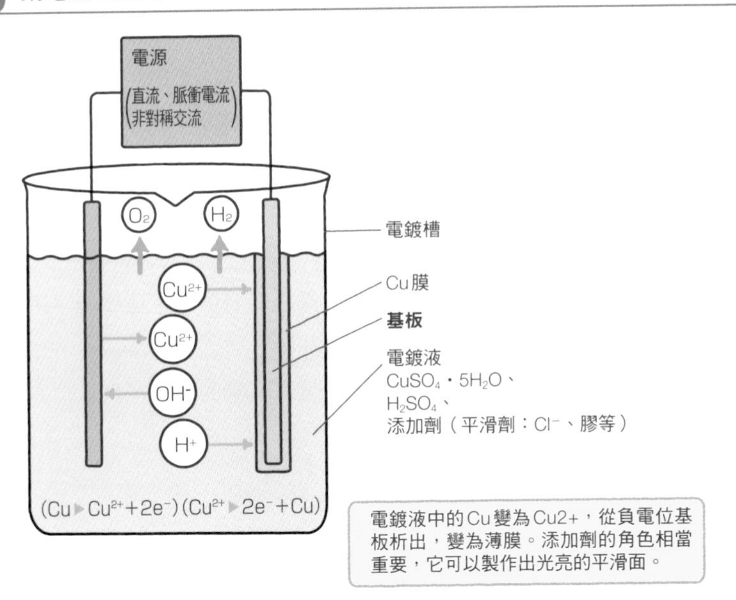

電鍍液中的Cu變為Cu2+，從負電位基板析出，變為薄膜。添加劑的角色相當重要，它可以製作出光亮的平滑面。

063 液體中的電鍍膜也和真空中的薄膜同樣會進行核成長

本單元，我們一起來看看，在電鍍技術中極重要的**赫曼**（Hermann）**雙重層**是什麼？在那裡會發生什麼樣的狀況？會產生怎樣的薄膜成長？

圖1，是觀察擴大銅電鍍膜成長表面附近的樣子。在電鍍液中，銅離子（Cu^{2+}）和水分子會製造集團（稱為「水合離子」）。它們透過擴散、流動、對流、攪拌、電場等，往負電位的陰極移動。而且，一旦達到被稱作赫曼雙重層的原子程度的幅寬0.2～0.3nm的厚度層時，會因強大的電場而快速加速。水分子因為速度過快而被剝離，銅離子變為裸狀，速度更加快速。一接近陰極周圍，從陰極吸引出電荷（電流流動）而轉變為中性，向電鍍面撞擊。陰極面上，氫離子（H^+）也同樣運動，在陰極附近變成氫。

另一方面，OH^-或SO_4^{2-}等氧化性離子則朝反方向加速。在電鍍面正前方的赫曼雙重層，會排除氧化性離子，聚集還原性離子。雖然是極狹小的空間，但是依然能製造出還原性強的空間。這個排除和聚集，是由10^9 V/m（在1m的空間中施加10億伏特的電壓）的強力電場所支配。在水中銅膜增長的話，因為局部是在氫等還原性強的氣體中增長，所以會產生那種閃亮發光的金屬性光澤。

接下來，探討薄膜的成長。圖2是表示在鐵板上進行金電鍍成長時的各成長階段。電鍍時間分別為：（a）是1秒，（b）是4秒，（c）是7秒，（d）是30秒。首先先形成小的核，接著變成島狀，然後島狀彼此相連變成連續的樣子，和（016）中提到的**核成長**幾乎完全相同。

在液體中製成的薄膜使它聯想到銅、溼度和銅鏽的關係，也單純的認為不可能應用在電子零件上。

●電鍍面正前方的赫曼雙重層，是還原性強的空間
●這邊的薄膜成長和真空中的核成長酷似

圖1 電氣電鍍膜析出、陰極直線接近的樣子

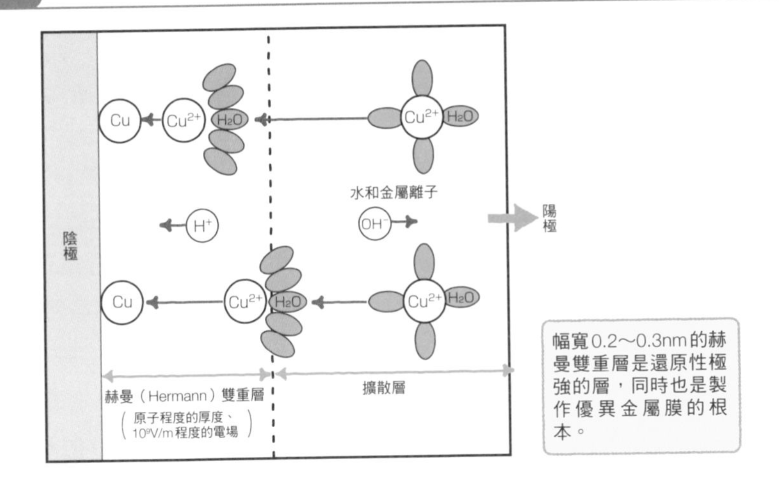

幅寬0.2～0.3nm的赫曼雙重層是還原性極強的層，同時也是製作優異金屬膜的根本。

圖2 電鍍膜的核成長（參40）

提供：首都大學東京（首都大學東京）

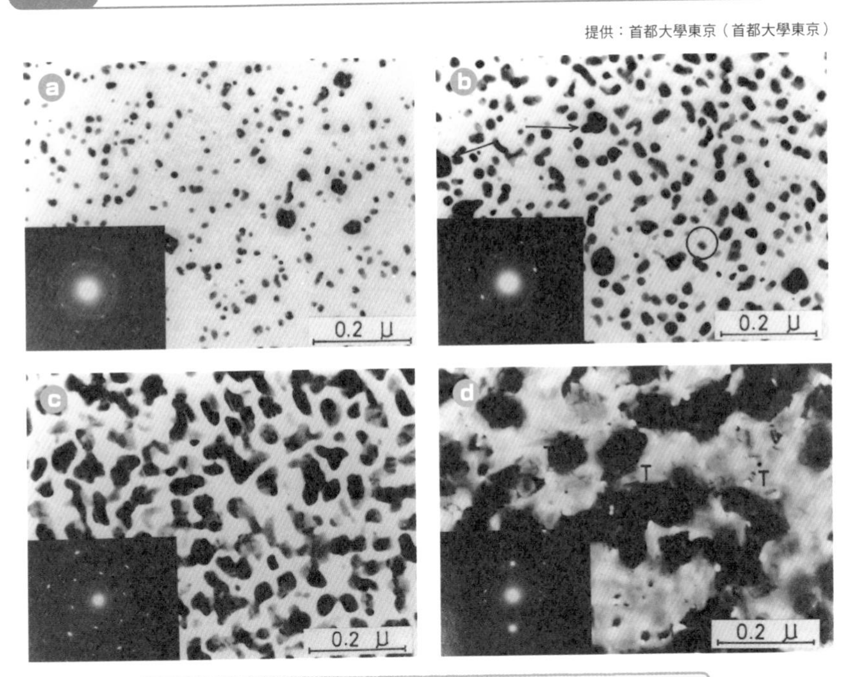

核→島→連續膜的核成長，和（016）的核成長（真空中）十分相似。

064

花費許多力氣的精密電鍍在電氣領域相當活躍

IBM的發表，讓斷定薄膜必須在真空環境中製作的人感到相當震驚。但是，在電氣相關項目中已經多方採用電鍍，將電鍍應用在IC領域裡，也可說是相當自然的演變。印刷電路板用的銅電鍍、磁碟、磁頭等均已經使用，在它們上面更加上超LSI用電鍍，統稱為「**精密電鍍**」。本單元，將說明為了達到精密電鍍所需耗費的工夫。

圖1是名為「**框型電鍍**」的一種電鍍方法。不特別進行什麼步驟而直接製作彎角位置的配線回路時，為了要使電流集中，在彎角處會形成線路（圖1的a的箭頭位置），不僅尺寸會大亂，假如是磁性體那樣的合金狀況，成分也會產生變化。遇到這樣的情況，可以重新運用光阻劑（Photoresist）（圖1的b）製作框架後進行電鍍，就可以改善尺寸紊亂或成份變化的問題了。這個框架需在事後去除。

能夠充分穿透磁力線的透磁合金（Permalloy），其成分比非常重要。圖2，是將稱為paddle(俗稱船槳）的棒子（譯者註：此處指攪拌棒），在從外部製造的磁場平行移動或旋轉似的攪拌液體的一種方式。如此一來，可以①抑制電鍍表面的ph變動，②去除氫的氣泡，③有效的使反應物擴散等，對合金電鍍有絕佳的效果。

添加劑是電鍍光澤的關鍵，是對電鍍加工公司而言極重要的秘方。通常會使用氯（粒子粗大化促進劑）、聚乙烯醇（粒子統一化促進劑）等等。在微細孔的填入上，添加劑占有很重要的地位（圖3）。調平劑在電流集中往彎角處聚集時，調平劑會在彎角處附著（電阻阻抗變大），電流變成往孔的底部流去。最後，膜會從孔的底部開始往上生成（圖4），在微細孔的埋入上徹底發揮效果，今日，已廣泛實際應用在銅配線產品上。從孔的底部薄膜開始生長的現象稱為「**底部成長**」（bottom up）。

- 精密電鍍廣泛用於電氣領域
- 添加劑是由下而上從底部成長的原動力

圖1 框型（frame）電鍍法（參41）

a 什麼都不進行會有這樣的變化

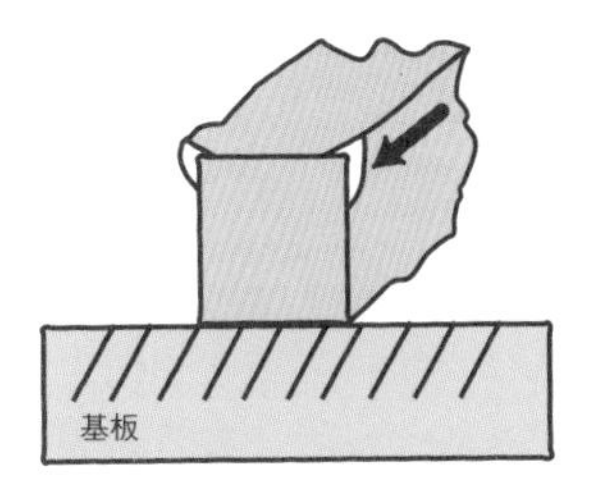

b 為了使它平整而放置邊緣輔助材，可製作出沒有稜角的電鍍

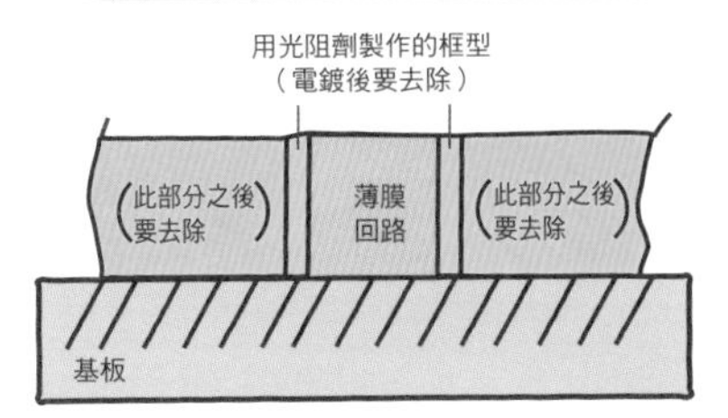

圖2 攪拌式（paddle）電鍍法（參41）

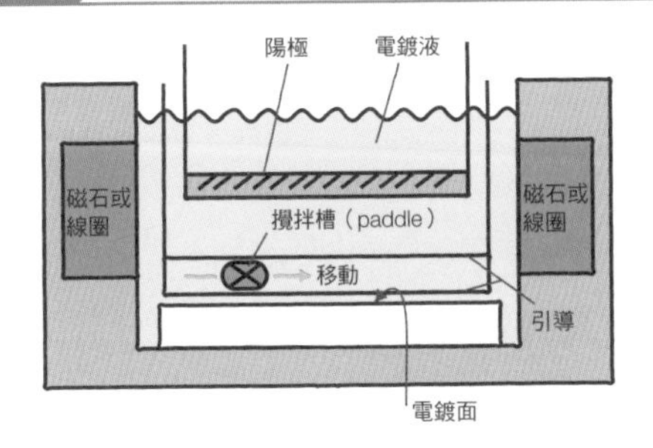

在攪拌槽攪拌→去除沉澱物→使成分安定化

圖3 超微細孔周圍的電流的流動方式

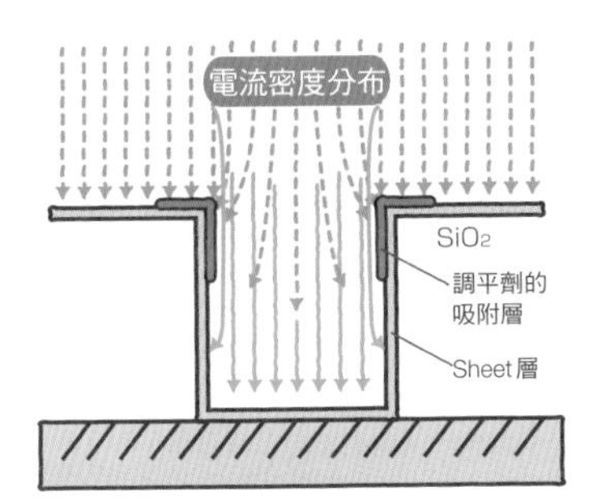

若沒有調平劑，則會像虛線那般，電流的流動彎角處會呈現尖銳狀。在彎角度添加上調平劑，電流會往底部流動，膜會如同圖4般成長。

圖4 電氣銅電鍍膜的上成長方式

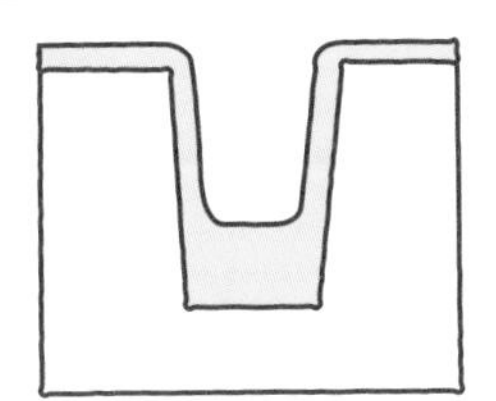

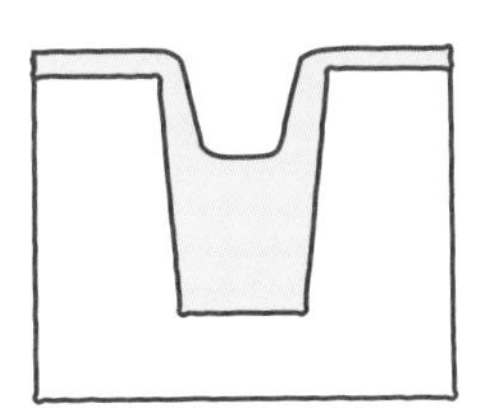

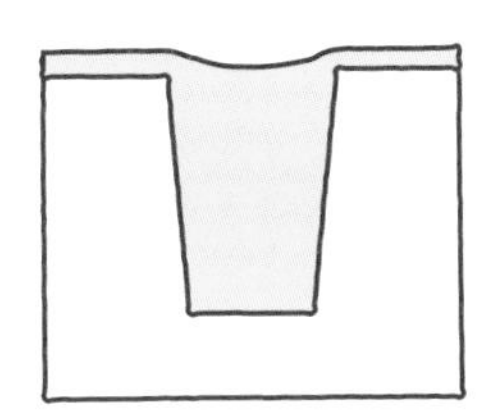

膜從底部向上成長。這種由下往上成長的現象，是粗糙表面變明亮光滑的原動力。

COLUMN

用世界最小的刀具切削加工

電腦主要樞紐的積體電路（integrated circuit，簡稱「IC」）及薄型的液晶電視，都是薄膜的集合體。

薄膜雖是搭載在矽晶圓或玻璃等基板上，但這時需專心在製作成均等的厚度。為了使它具有功能，作為下一個階段，留下必要的地方，除去不需要的部份，最後變成利用加工方式來作成目標中的樣式。

這時非常重要的是確保正確的形狀和尺寸，以及在正確的位置印製薄膜的圖樣。並且，這個尺寸的研究從微細化朝超微細化進展中。在這個削減加工中能使用的刀具，除了非常小的原子・分子本身之外沒有其他的了。確實是超微細加工。加上，若不使用數分鐘進行30㎠的矽晶圓、數㎡的玻璃板等加工工程，是無法成為商品的。

這是長久以來被醞釀的技術集成，現在被實用的技術。

為電路和電晶體而加工薄膜的蝕刻法

在基板上搭載一樣的薄膜的話，可製作出正確的尺寸、
正確立體的形狀、在正確的位置上印製圖樣。
在這個雕刻（蝕刻）中所使用的刀具，是離子，換言之，是原子大小的刀具。
形狀依照蝕刻技術、位置依照相片技術進化的技術進行。
這是日本原創的技術。

065 正確的形狀及在正確的位置運用蝕刻法製作圖樣

搭載薄膜進行超微細加工，在上面又再搭載薄膜進行超微細加工……，這樣重複進行數百次，就完成了現在的積體電路IC（Integrated Circuit）。大約在1.5㎠當中有1000億個以上的電晶體、電容器及電阻等嵌入在裡面。兩翼以150m的棒球場來試著比喻看看。因最小的尺寸約30nm左右，若是球場的話，本疊板位置的精確度就成為0.3㎜。全工程因為超越200，那個約略的高精確度若不進行加工的話，最初的圖樣和下一個圖樣的位置沒有對齊，就無法使電晶體成型。執行高精確度位置對齊的技術就是「**光蝕刻法**」（Photo Etching）。這是實現照片（photo）的技術及使之腐蝕後配合蝕刻（Etching）的技術（圖1）。

（a）在想要蝕刻的薄膜上，放上光阻劑（Photo-resist）的感光膜。

（b）重疊用金屬薄膜做成的必要圖樣的光罩（相當於相片的底片），進行曝光作用（注）。

（c）將沒有感光的部份用藥液去除（圖樣轉印完畢）。

（d）在不損壞殘餘光阻劑的狀態下進行蝕刻。

（e）去除光阻劑，可完成和光罩相同的圖樣。

再者，**光阻劑**是照片（photo）的感光劑，因為它可以抵抗蝕刻反應，因此獲得這樣的稱呼。（d）的蝕刻法也非常困難。在這邊最重要的是要忠實的使光罩圖樣完整重現。圖2中呈現形狀（中段）及失敗範例（下段）。B_1連圖樣較下方的位置處都被蝕刻，使完成的圖樣變得細長。A_4的下部明明是想要做成圓弧形，卻可能會出現像B_4或B_5的失敗例子。為了不使這樣的狀況發生，以及為了能陸續有新材料的蝕刻法登場，必須要不斷地開發新的技術。

●驅使照片的技術，在基板上忠實的轉印被要求的圖樣
●被轉印的圖樣能忠實蝕刻出來的功夫，是相當必要的

注：這種曝光繪畫的技術稱為平板印刷術（Lithography）。這是從Litho（石）-graphy（畫法）轉換而稱為平板印刷。

圖1 光蝕刻（Photo Etching）工程

a 在旋轉樣品上滴入一滴光阻劑液（PR）（使用光阻塗布機（spinner））

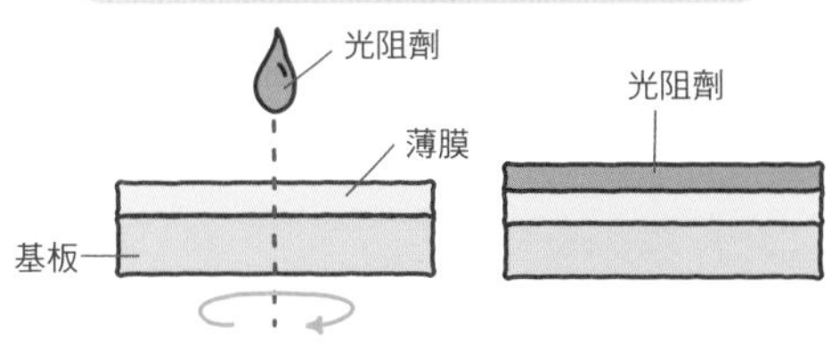

光阻劑是一種具有黏性的液體，用離心力擴大成為一樣的感光膜（也稱為「旋轉塗布法」（Spin coating））。

b 重疊光罩（相當於相片的底片）曝光（曝光機）

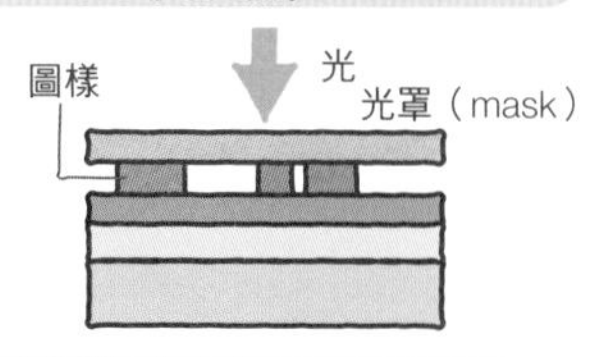

這項技術中，尺寸的精確度與接下來曝光重疊搭配的精確度等，是非常重要的一環。

c 未感光的部位用藥液去除

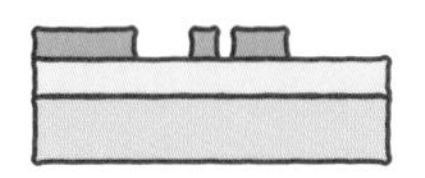

薄膜上的圖樣（等同於相片的正片）完成（必要的圖樣轉印完畢）。

d 蝕刻後形成薄膜的圖樣

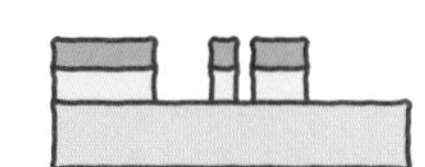

化學反應（Chemical Reaction）或乾蝕刻（Dry Etching）。

e 去除光阻劑完畢

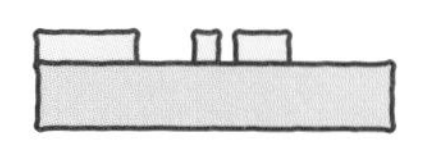

可形成和光罩圖樣相同的薄膜圖樣。

圖2 蝕刻目的的加工形狀及失敗範例

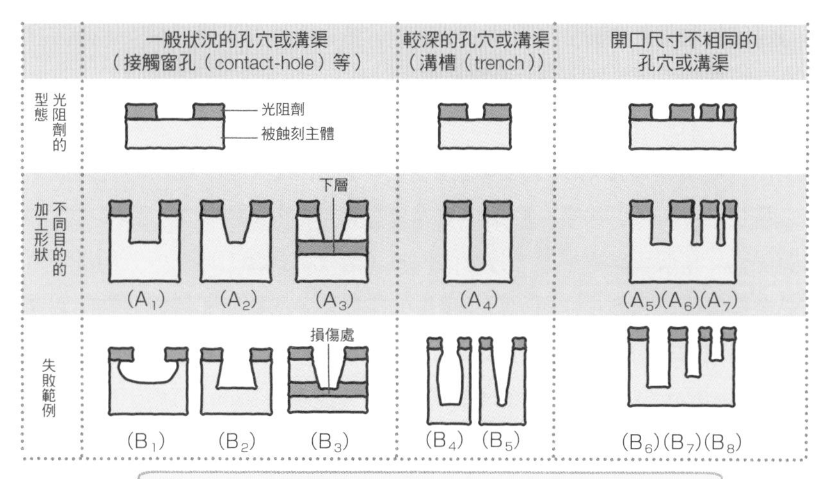

雖然想做成A的樣式卻變成B的結果。由此可知，條件設定相當重要。

用語解說

蝕刻（Etching）→ 原指用化學藥品腐蝕金屬或玻璃。老商店入口處玻璃門上「○○商店」的表示，那變得白色不透明的樣子也是其中一例。

氣體離子的蝕刻法

用氟、鹽酸或硝酸等的液體進行蝕刻的方式稱為「**濕蝕刻**」（Wet Etching），不使用液體的蝕刻法稱為「**乾蝕刻**」（Dry Etching）。

如圖1的（a），試著想像在方糖上開一個圓形的洞孔。若用濕蝕刻開洞孔的話，例如開孔的部分以外用光阻劑或聚氯乙烯絕緣帶（Vinyl Tape）覆蓋，再放入水中。如此一來，砂糖的溶解方式，由於不論哪個方向都用相同速度前進（**等向性蝕刻**，Isotropic Etching），聚氯乙烯絕緣帶下方的部分也只有S處如侵蝕般深入的溶化（**側向蝕刻**，Side Etching）。結果，便會造成像（b）那樣比預計開出更大的洞孔。而想要保留的ℓ變得更小了。在超微細加工上這會是個非常大的難題。因為ℓ大約在1000分的2.5㎜左右開始就不能夠使用了。若要作成目標的（c），只能用小鑿子開孔了。因此，這部份盡可能使用小鑿子是很必要的。

使用只有小的氣體原子的離子（1nm以下），是乾蝕刻法。在基板上施加負極電位後放入電漿中的話，電漿中的正離子會以高速朝基板撞擊，這時，沒有被光阻劑覆蓋的部份便會產生蝕刻反應。

圖2，是連日常的家用冰箱也有使用化學性質穩定的氟氯烷冷煤（CF_4）電漿的範例。電漿中富含化學性質極具活性的氟自由基F^*及F^-離子。它們以高速朝二氧化矽（SiO_2）撞擊，在那邊變為氟化矽（SiF_4）後蒸發，隨即成為洞孔打開（a）。這個反應是在離子撞擊的地方（離子的直線方向前進）相當激烈，但在側面僅僅引起微量作用。這個反應的結果是，主要離子進行的方向會進行蝕刻作用，變得可以完整的進行圖樣的加工（b）。這稱為「**反應性離子蝕刻**」（**Reactive Ion Etching，簡稱「RIE」**），在超微細加工的工程中已成為主流，是日本原創的技術[參42]。

●圖樣尺寸若變得和薄膜厚度接近的話，可改用RIE法
●反應性離子蝕刻（RIE）是現今主流

圖1 方糖上圓孔的蝕刻

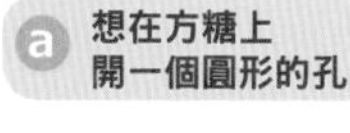

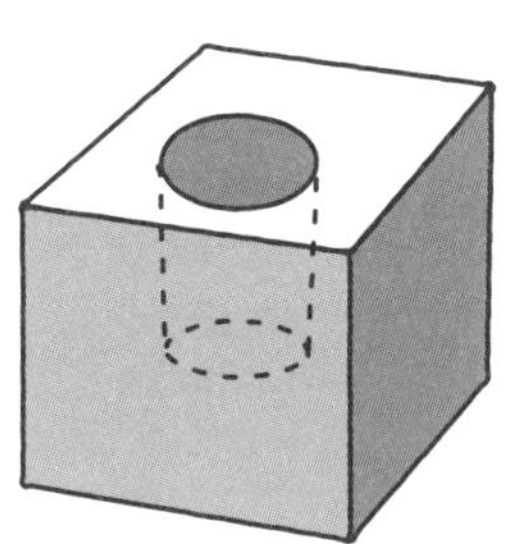

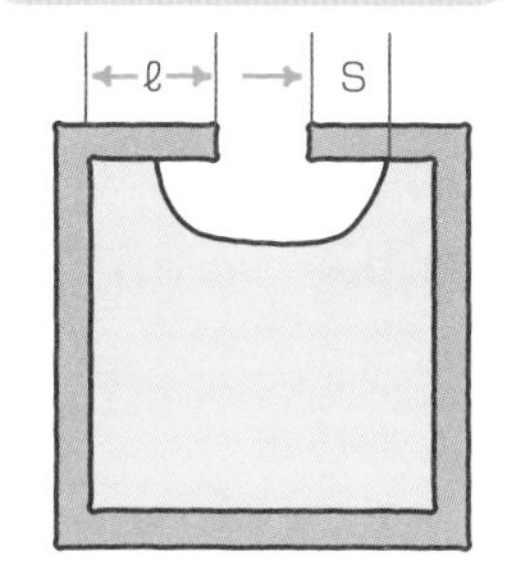

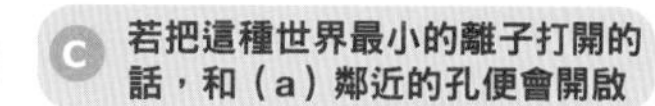

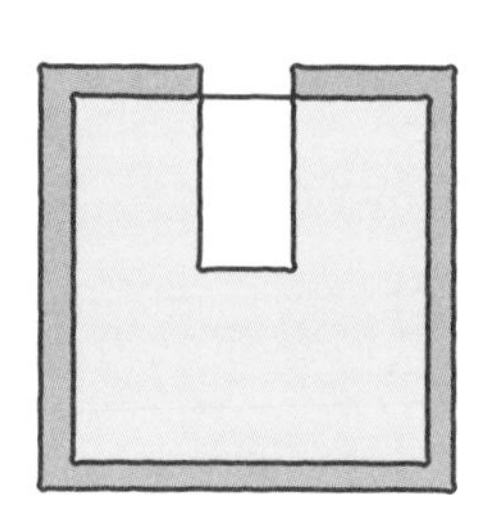

圖2 反應性離子蝕刻（Reactive Ion Etching，RIE）的模擬圖

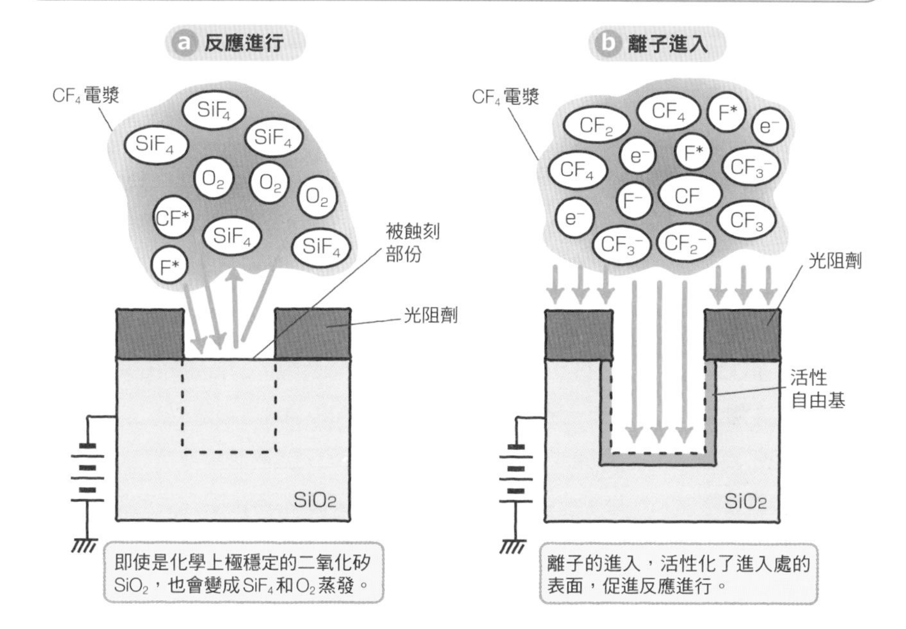

用語解說

自由基（Radical）→ 也被稱作游離基。因放電、熱、光、放射線等元素使化學結合被阻斷而產生，極具化學活性。

067 電漿製程是關鍵

「製作成為原子程度小鑿子般的離子，在電場中加速敲打基板」是**反應性離子蝕刻**（RIE）的起源點。製作離子的是電漿，而製作電漿的方式最為重要。將重點整理如下。

①大量的離子，也就是製作高密度的電漿。

②在大範圍的面積上，射入均量的離子。

③可控制射入離子的能量（速度）。速度快的話，蝕刻的速度雖然也快，但在等同於離子的地方若有電晶體，便會產生損壞。相形之下，以適度的速度比較好。

④可自由的決定蝕刻壓力（真空）。在深的洞孔內，離子不跟其他氣體產生衝突而直接深入洞孔的底部，反應蒸發物若能如快速排出的低壓會比較好。

⑤不會產生薄膜的天敵－雜質。反應生成物很容易變成雜質。

反應性離子蝕刻（RIE），如圖1所示，有許多種方式。

（a）是**平行平板形蝕刻**（參照036）。比起最小加工尺寸，用於重視基板大小的薄型電視用的液晶元素的生產。

（b）的**ECR蝕刻**（電子迴旋共振式離子反應蝕刻，Electron Cyclotron Resonance Etching，簡稱「ECR Etching」）和（c）的**磁控管形蝕刻**，放電壓力及電壓，即以製作離子能量低的高密度電漿為目的而登場。裝置雖然複雜，但可以確實達成蝕刻的目標形狀，廣泛在半導體超微細加工領域上被使用。

（d）（e）（f）是使用了線圈或天線，在放電空間中放射出高頻率或超高頻率，並且想要取得高密度・低離子能量的電漿的裝置。（d）是利用線圈方式的「**感應式耦合電漿蝕刻**」（Inductive Coupling Plasma，簡稱「**ICP**」），（e）是使用**螺旋波**（Helicon Wave）天線的蝕刻法，（f）是使用螺旋天線的方式。

●反應性離子蝕刻（RIE）的重點，是①高密度電漿，②適當能量的離子，③大面積，④低蝕刻壓力，⑤雜質少

圖1 用於蝕刻的電漿製作方式

a 平行平板形蝕刻
（包括六極管Hexode、窄禁帶Narrow Gap、三極管Triode等）

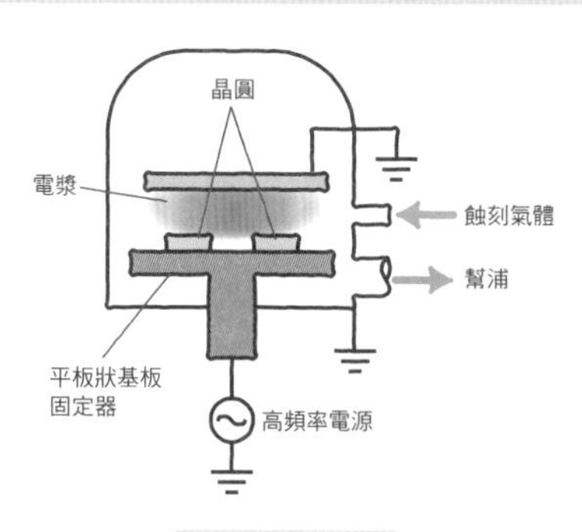

b ECR形蝕刻

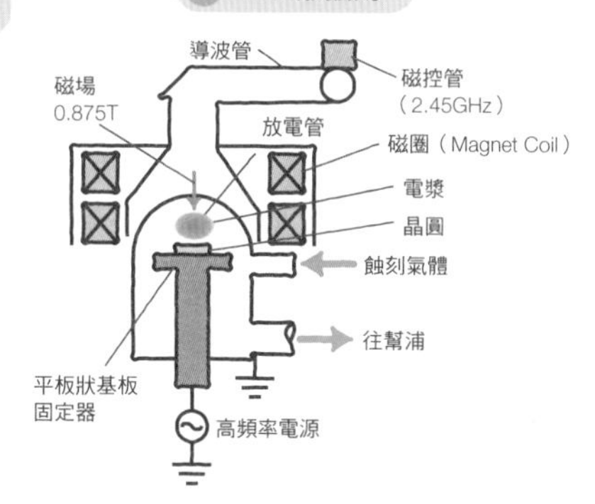

c 磁控管形蝕刻

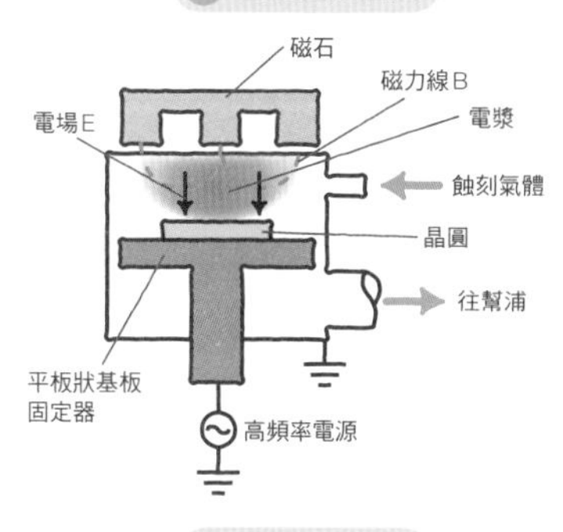

d 感應式耦合電漿蝕刻

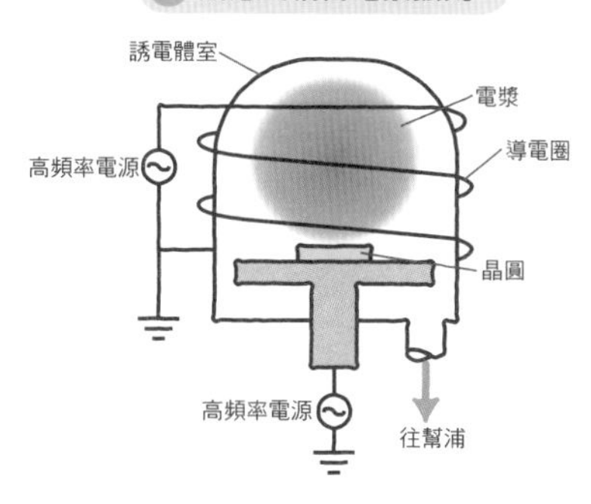

e 螺旋波蝕刻

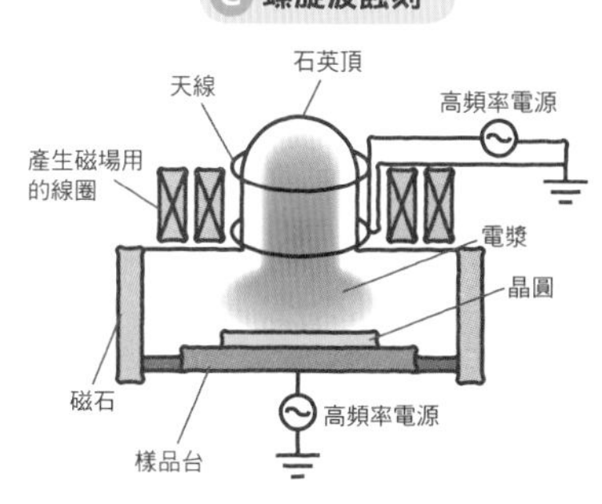

f 螺旋天線形蝕刻

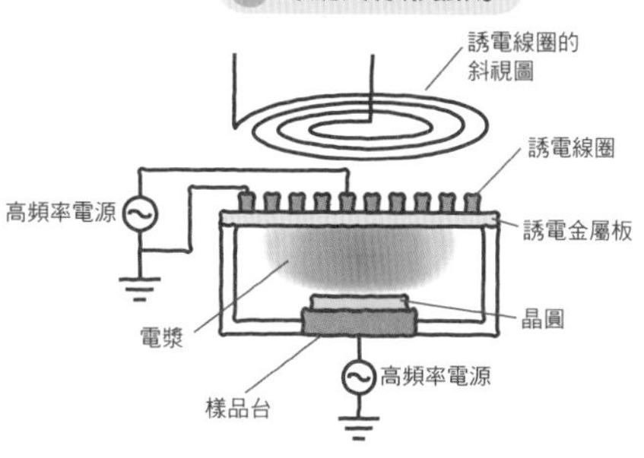

為了進行理想的蝕刻法，很多的方式正陸續登場

068 反應氣體是重要的“軟體”

一旦有了電腦，只要使用各種軟體，就能夠做出許多事情。但是，若缺少了軟體，“電腦也只是一個空殼”而已。相同的，也有人認為反應性離子蝕刻（RIE）是“乾蝕刻（Dry Etching），若沒有軟體，僅是一個鍋子罷了”。

決定了（067）中提到的電漿製程方式後，接下來便進入到使用怎樣的氣體，做成什麼樣形狀的蝕刻等階段。圖1表示可成為軟體的龐大反應氣體中的一部分。大多使用氟（F）、氯（Cl）、溴（Br）等鹵素類元素。反應氣體之外，蝕刻時的壓力、溫度、投入電力等要件也是重要的軟體（參照069）。目標的蝕刻形狀也有各式各樣的。做出恰好的形狀（065圖2的A_1）、為了從後面容易埋入其他的金屬而將切口變成斜斜的錐狀蝕刻法（同：A_3）、錐形底部的圓弧形（同：A_4）、大小孔徑混合在一起的一樣深度的孔（同：A_5～A_7）等。

這些形狀製作的模擬示意圖以圖2表示。（a）是活性自由基幾乎要在所有面上進行等向性蝕刻（Isotropic Etching）法，但因直擊底部的離子而引發的活性點的反應，可快速做成剛好合適的孔和溝槽（**Trench**：從戰場的濠溝而來的名稱）。這意味著，離子的飛行方向成為電場的方向是非常重要的。

（b）是安上錐形的「**錐形蝕刻（Taper Etching）法**」。例如，在矽基板上使用含碳的反應氣體（$CBrF_3$）的話，有機物便會在電漿中合成並附著在側壁上，因為對側壁的蝕刻而言，它會像保護膜般進行作用，所以錐狀便會成型（圖3的a）。當碳的量大時，錐形的角度也會變大。圖2的（c），是假設將基板溫度設定在例如－100℃進行作用，側壁處不會進行化學反應，圖樣完整的只在底部進行蝕刻，底部的圓弧感便實現了（圖3的b）。這些都是研究成果的傑作。

●選擇適合目的蝕刻材料的反應氣體
●選擇最適合每個目的形狀的蝕刻法

圖1 用於反應性離子蝕刻（Reactive Ion Etching）龐大的反應氣體的一部份

材料	反應氣體
poly-Si	Cl_2、Cl_2/HBr、Cl_2/O_2、CF_4/O_2、SF_6、Cl_2/N_2、Cl_2/HCl、$HBr/Cl_2/SF_6$
Si	SF_6、C_4F_8、$CBrF_3$、CF_4/O_2、Cl_2、$SiCl_4/Cl_2$、$SF_6/N_2/Ar$、$BCl_2/Cl_2/Ar$
Si_3N_4	CF_4、CF_4/O_2、CF_4/H_2、CHF_3/O_2、C_2F_6、$CHF_3/O_2/CO_2$、CH_2F_2/CF_4
SiO_2	CF_4、$C_4F_8/O_2/Ar$、$C_5F_8/O_2/Ar$、$C_3F_6/O_2/Ar$、C_4F_8/CO、CHF_3/O_2
Al	CCl_4、BCl_3/Cl_2、$BCl_3/CHF_3/Cl_2$、$BCl_3/CH_2/Cl_2$、$B/Br_3/Cl_2$、$BCl_3/Cl_2/N_2$
Cu	Cl_2、$SiCl_4/Cl_2/N_2/NH_3$、$SiCl_4/Ar/N_2$、$BCl_3/SiCl_4/N_2/Ar$、$BCl_3/N_2/Ar$
Ta_2O_5	$CF_4/H_2/O_2$
TiN	$CF_4/O_2/H_2/NH_3$、C_2F_6/CO、CH_3F/CO_2、$BC_3/Cl_2/N_2$、CF_4

圖2 反應性離子蝕刻（RIE）的模擬示意圖

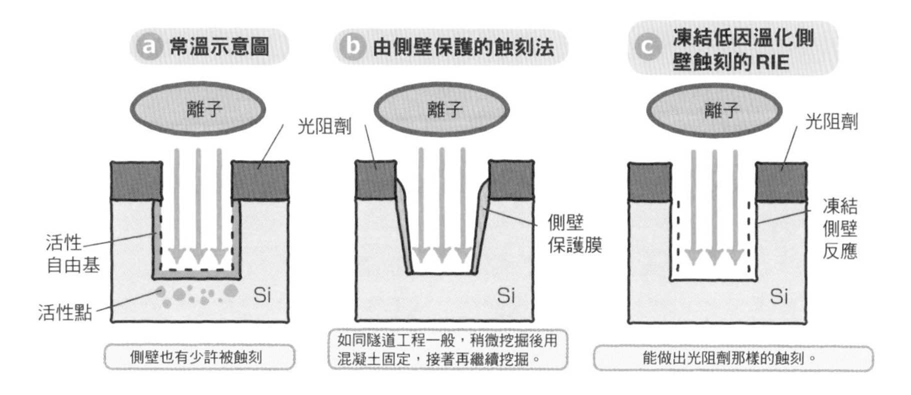

圖3 反應性離子蝕刻法的蝕刻範例

提供：佳能股份有限公司（Canon ANELVA Corporation）

a 錐狀蝕刻範例（065的圖2的A₂）

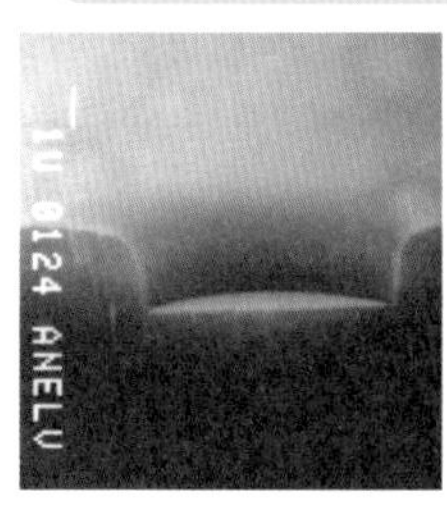

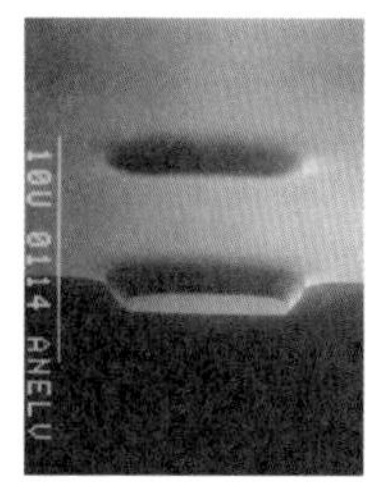

b 溝槽蝕刻範例（065的圖2的A₄）

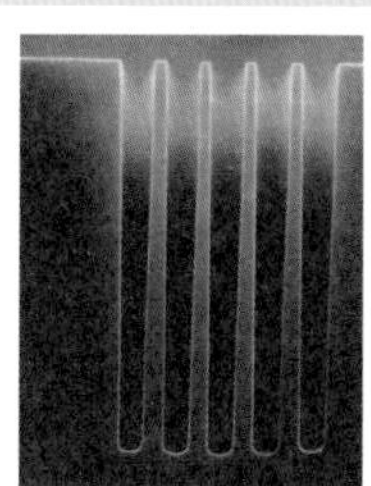

069 決定蝕刻條件

決定了核心硬體和反應氣體後，便需要決定產生電漿時的電力、運送反應氣體單位時間的流量（流量：mℓ/min），被反應的壓力等蝕刻條件。

在二氧化矽（SiO_2）上安上1μm的鋁（Al）薄膜，製作幅寬1μm的配線的話，如圖1所示，準備已上好光阻劑（PR）的基板。反應氣體則選擇（068）的圖1中鋁類別欄的CCl_4。將蝕刻速度設定為0.2μm/min的話，應該5分鐘就蝕刻完畢了。此外，原先的鋁質膜的膜厚，因應用地點不同會有±3%左右的差異。預料這個誤差值而進行5分30秒（這30秒是特地多安排10%的時間給膜厚的部分使用）的**過度蝕刻**（Over Etch）。如此一來，鋁1μm處下層的SiO_2，會被多餘的30秒削減。二氧化矽的蝕刻速度若是鋁的10分之1的話，會有0.01μm被削減（若是100分之1的話，則是0.001μm，因此可以無視）。將「欲蝕刻的膜的蝕刻速度」/「不想蝕刻的基底的蝕刻速度」的比，稱之為「**選擇比**」（在圖1即為10）。這是個重要的數值，能夠達到無限大則是理想。

圖2是鋁及光阻劑（不打算蝕刻的膜）情形下的電力、選擇比、蝕刻速度等關係的調查結果。若將電力增強，蝕刻速度雖然會加快，但因溫度上升光阻劑的蝕刻速度變大之故，選擇比便降低了。此外，如圖3所示，反應壓力中一旦提高壓力，蝕刻速度和選擇比都會變大，側向蝕刻S（參照066圖1的b）也會跟著變大，5Pa左右是最適合的壓力環境。若要將大小多數的洞孔挖掘成相同深度（065的圖2的A_5～A_7），如圖4所示，運用0.4Pa的ECR形可以做出合適孔徑（與橫軸的孔徑沒有關係）。在平行平板形，小的孔會變淺。這是硬體也相當重要的例子。

- 蝕刻速度和選擇比，由電力、氣體流量、蝕刻壓力決定
- 反應氣體選蝕刻選擇比大的較好

圖1 蝕刻法的選擇比及過度蝕刻

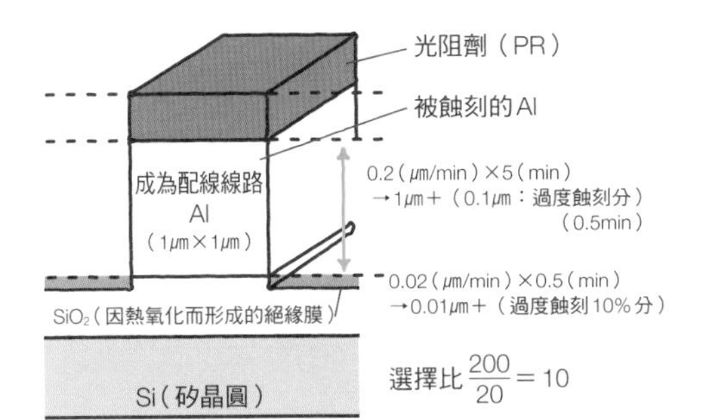

圖2 電力密度和選擇比及蝕刻速度的關係（參43）

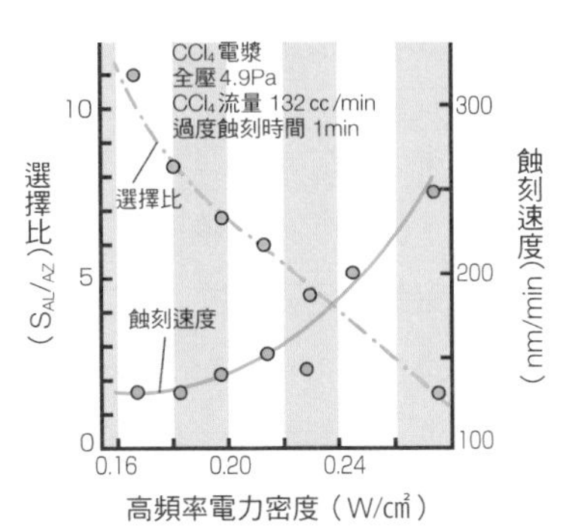

一旦提高蝕刻速度，選擇比就會下降。

圖3 蝕刻壓力和選擇比及蝕刻速度的關係（參43）

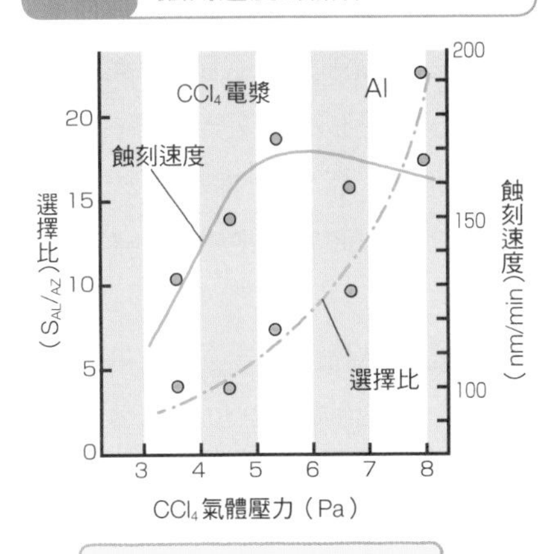

5Pa左右最合適。若再提高壓力，側向蝕刻也會增加。

圖4 2種蝕刻方式中，微細孔蝕刻時的蝕刻速度的孔徑依存性（參44）

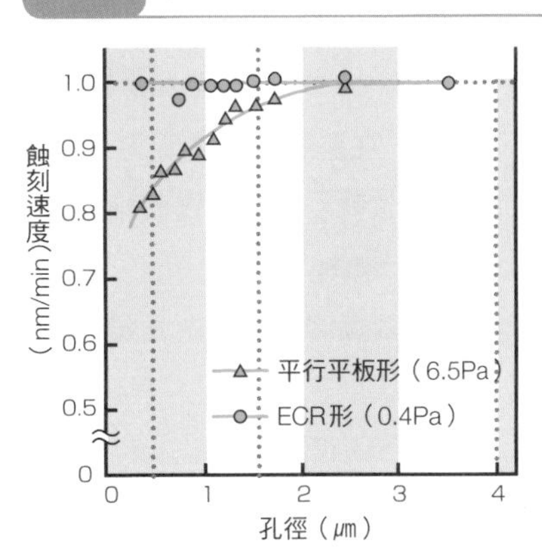

若將壓力減低，在低壓力的蝕刻法中，大小孔可達相同深度的蝕刻。

070 運用極細離子電子束修理故障

大量生產的現場有時會有「不良品廢棄」的狀況，在提升良品率上需下許多工夫。但是，像光罩這種單價高的產品，即使有一部份不良，比起直接廢棄，還是會傾向送廠修理。尺寸10nm在修理上雖然很困難，但還是有處置的方式。

請參考圖1。在A的斷線部位若使用細筆，B的短路部位若使用尖頭刀具的話，就可以修理了。能夠成為這個筆和刀具的，都是來自液體金屬離子源產生的極細離子束。

圖2表示該裝置。將頂端削尖成半徑數nm的針棒狀（**needle**，或是細的管：稱作毛細管），用融化的液體金屬把頂端弄濕的加熱器，以及從稱為溶融金屬集中處的這個基本構成組成。在真空中對它施加負極高電壓的話，可以從針棒狀的頂端處取出數十nm的細離子束。離子材料的金屬因為可從金屬集中處不間斷的補充，所以即使是長時間使用也不成問題。集中這個離子束若和使用電子顯微鏡的鏡片一樣的話，即能夠得到40nm以下極細的電子束（**聚焦離子束**，Focus Ion Beam，簡稱「**FIB**」）。用這個方式可以製成極細的筆和刀具。

若將FIB在氯氣存在的情況下接觸金（Au）的薄膜的話（圖2的右上），則會使之產生蝕刻反應。將這個細的刀碰觸圖1中B的短路位置，把短路的部分去除，可進行修補。

此外，選擇溶融金屬的種類變換電子束條件的話，相當於FIB位置處的金屬會不斷析出。若接觸圖1中A斷線的部位的話，沒有金屬的部位會有薄膜生成，可進行回路的修補。

這項技術也應用於產品故障時的診斷。在故障時，這個方式可以判斷是斷線還是短路，然後再根據上述的步驟進行修理。

- 集中來自液體金屬離子源的電子束做成聚焦離子束
- 用聚焦離子束修理超微細圖樣的斷線、短路

圖1 斷線及短路

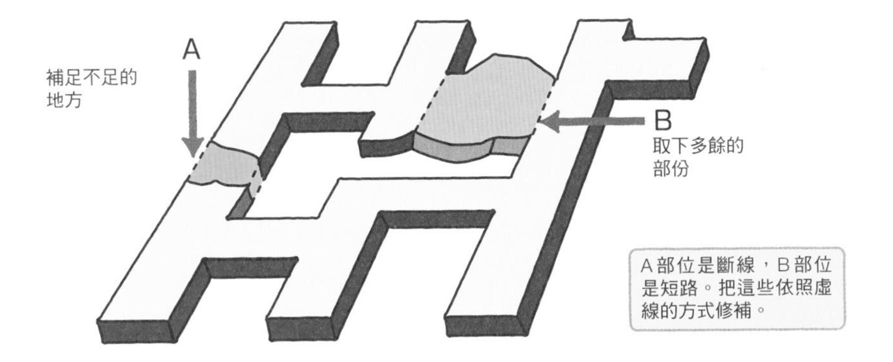

圖2 因極細離子束引發反應性離子蝕刻（RIE）的範例（參45）

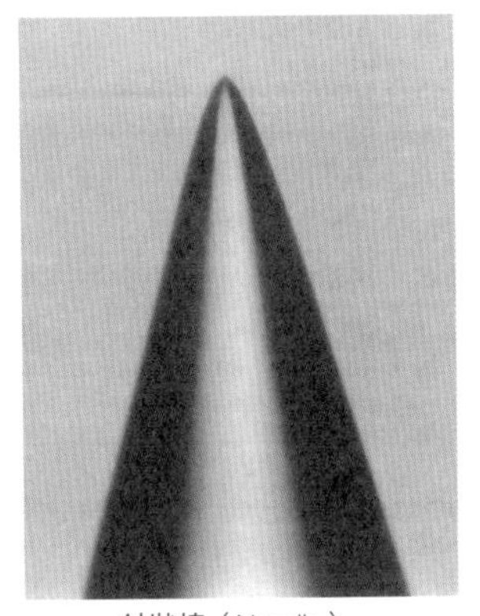
針狀棒（Needle）

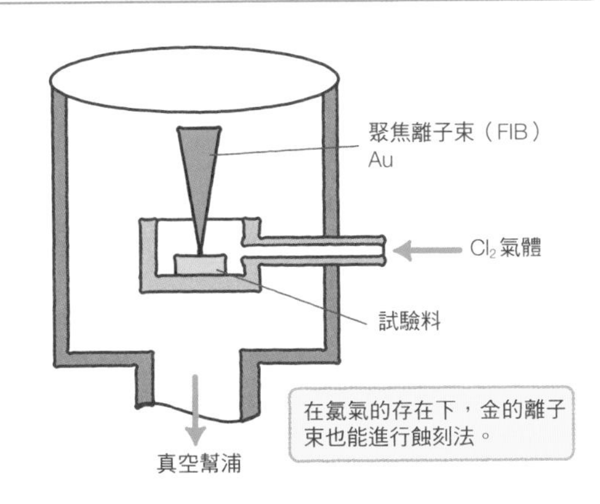

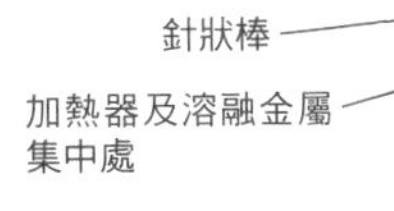

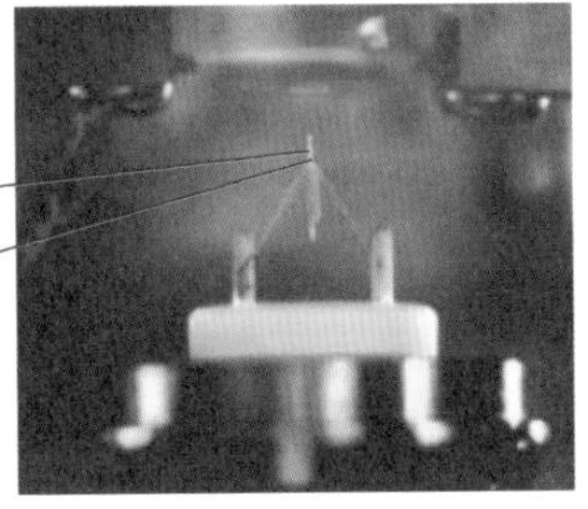

取出數十nm細的電子束
的極細的陰極

提供：SII Nano Technology Inc.
（エスアイアイ ナノテクノロジー株式会社）

071 運用CMP達完全平坦化

製作電晶體，再製作電容器，為了因應必要狀況適度調整這些而設置配線線路的話，就會像（005）的圖2一般。右端是電晶體，它的附近是電容器、多層配線……那些積層達8層之多，宛如是高樓建築。矽晶圓的表面原本就是比鏡面還要平坦的。IC則是在平面上先進行一次工作，然後再將表面進行平坦化，接著在上面又進行第2層的工作，然後又再次執行平坦化，接著是第3層工作……不斷反覆的演進到變成高樓建築。在每個單位層間所進行的平坦化，就是**CMP**(化學機械研磨製程，Chemical Mechanical Polishing，簡稱「CMP」)。

在圖1呈現CMP技術的原理。在表面有凹凸的晶圓，晶圓乘載盤朝下安裝，一邊使之自轉・公轉，一邊按壓貼在平臺（回轉台）上的研磨用襯墊。晶圓和研磨用襯墊之間，為了能進行有效的研磨，提供一種稱作黏著劑（Slurry）的研磨溶劑。自轉和公轉，以及在適當的壓力，可使晶圓表面平坦化。黏著劑的應用，在金屬用的狀況時，會於氧化液體中混合氧化鋁細微粉末；在絕緣物用的狀況時，會於強鹼性液體中混合膠狀的二氧化矽土（Silica）等。

出色應用CMP安裝配線線路的方式是「**鑲嵌法**」(Damascene)。圖2即為鑲嵌法的範例。首先先製作絕緣膜，在當中挖掘洞孔或溝渠，再把金屬埋入當中。之後，用CMP法將表面研磨至變為完全平坦，接著，在這個磨平的面上製作下一個階段。依此步驟完成的高樓建築般的回路，就是（005）相片的回路。還有更進化的「**雙層鑲嵌法**」(Dual-damascene)(圖3)。如（a）想要做成配線的時候，進行（b）穿透式（Via Hole）蝕刻，（c）配線部在蝕刻時會形成介層洞孔和下方連結，（d）介層洞孔和配線同時埋入後進行CMP，的一種方式。穿透式蝕刻→（CMP）→配線→CMP這一連串步驟當中的（CMP）可以省略。

●完成1工程後進行完全平坦化
●使用化學機械研磨製程（CMP）

圖1 CMP原理圖

提供：TOKYO ELECTRON
（東京エレクトロン株式会社）

a CMP裝置研磨台

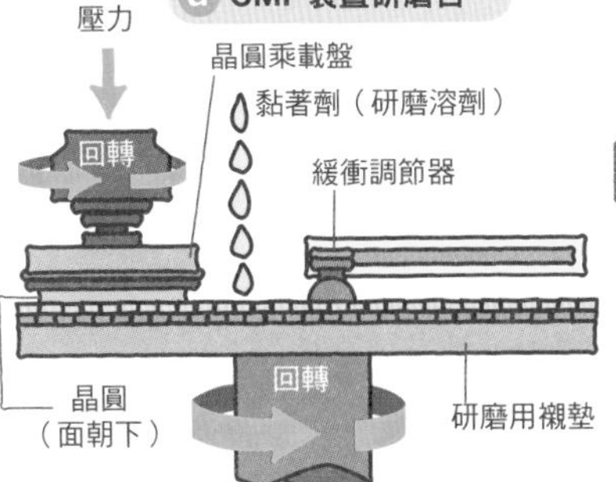

b 晶圓乘載盤部分擴大圖

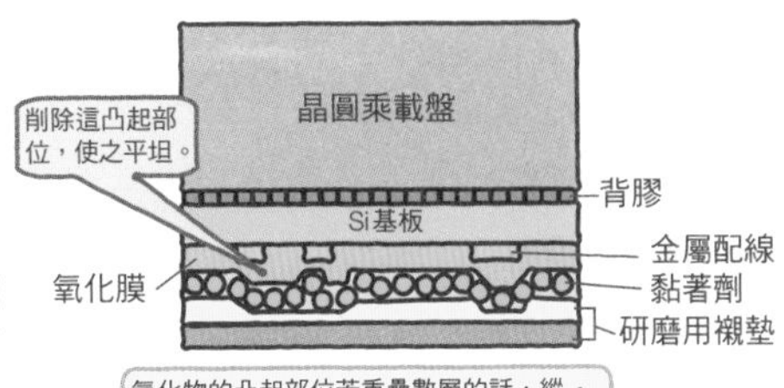

氧化物的凸起部位若重量數層的話，縱．橫的配線線路就不可能相互重疊了。將凸起部位削除，使之平坦後再製作接下的層。

圖2 鑲嵌法（Damascene）

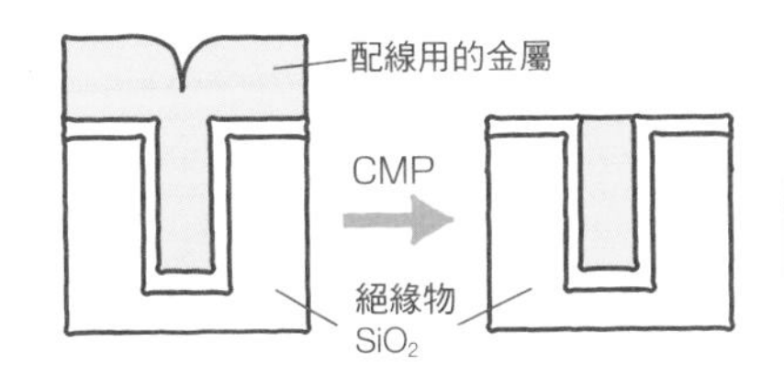

研磨不要的部份完成配線線路。

圖3 雙層鑲嵌（Dual-damascene）

a 欲製作的線路

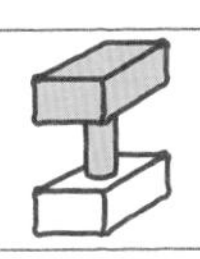

想在下方的線路上同時設置上方的線路（黃色）和連接線。

b 穿透式蝕刻

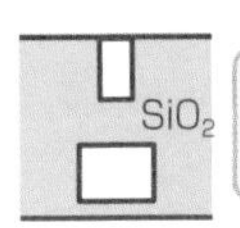

介層洞孔：為了連接上下配線的洞孔。

c 線路蝕刻

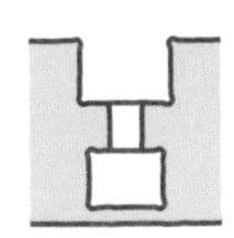

和介層洞孔同時產生蝕刻反應。

d 銅埋入（虛線）

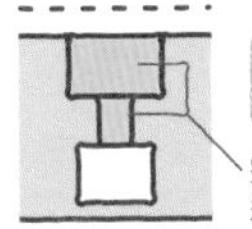

銅埋入後，用CMP去除不要的部分。

完成的配線線路及連接線

用語解說

鑲嵌法（Damascene）→ 鑲嵌工藝。在金屬、木材、陶磁器等物品上刻上圖案，再將金、銀、紅銅等嵌入的一種金屬工藝技術。另外，英文以inlaid（嵌入）work表示，因為是來自於敘利亞（Syria）的首都大馬士革（Damascus）蓬勃發展該技術而命名，也以別名稱之為damascene work。

072 不使用CMP的平坦化技術

在（052）中提到，把埋入微細孔困難的樣子用圖1表示。（a）是在製作電晶體的擴散層中，進行其他元件和電氣連接的線路（AlSiCu）的圖。在下方有SiO_2的絕緣層。

現在，為了將電晶體等元件用4倍的密度製作，若把橫方向尺寸縮減成（a）的1/2的話，便會變為（b）的樣子（縱方向為了要確保電氣絕緣，無法縮小。當然，若縱方向可以縮減成1/2的話，也沒有問題）。因為AR變大而造成氣孔（不含AlSiCu的地方），且也必須煩惱○部位的斷線問題，若像（c）一般再次往橫方向縮減1/2的話，便已超出問題外不需煩惱。像（d）一般在箭頭位置進行CMP，確實埋入的話，可以做出信賴性高的線路。

CMP因為是高超的技術，故裝置設備也要價不斐。像IC這種超過3～4層的情況先暫時不管，若有3層左右，便已經需要相當的工夫了。以圖2表示其概要。①在（060）及（029），②在（052）中已說明。③也是在基板上施加負電壓且同時進行濺鍍，因為在薄膜突起處射入離子後於該位置處進行濺鍍，因此可形成平坦的膜。④是液狀有機物等的塗布情況，表面弄平坦即可完工。⑤是利用將O_3和TEOS（Tetra Ethly Orthosilicate）當作反應氣體使用的CVD法所引發的SiO_2成長法，宛如是液體塗布般埋入配線線路間使平坦的膜生成。特別稱之為**TEOS法**。⑥是用回溫等方式將凹凸和已完成的膜用相同濺鍍速度的光阻劑等進行塗布，接著製作平坦的膜，之後進行蝕刻完成平坦的膜。⑦是一照射雷射光線，薄膜會暫時溶解而流入凹陷處的一種方式。

這些對簡易型的回路製程相當重要。

●一旦提升元件的密度，便會產生諸多困難
●CMP以外也有許多平坦化的技術

圖1 鋁合金配線的接觸部斷面及其尺寸的縮小

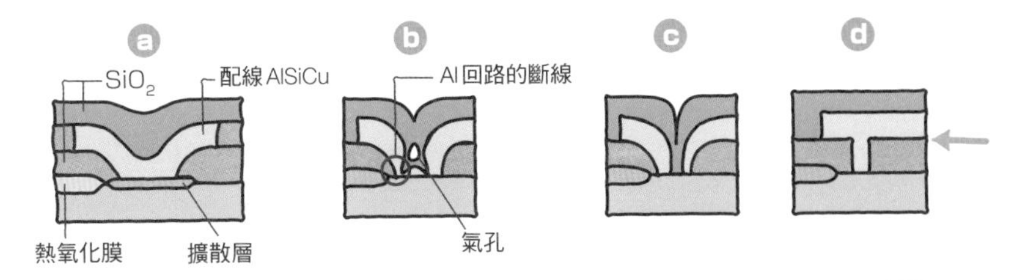

（a）是鋁（Al）合金和擴散層的接續尺寸，（b）是橫方向尺寸縮減成（a）的1/2，（c）是再將（b）的尺寸縮小1/2的情況。在（b）當中，需煩惱○部位Al回路的斷線及因氣孔引發信賴性的問題。就這樣像（c）一般再次變成1/2的話，便已超出問題外不需煩惱。變成（d）的話則更輕鬆，在上面可以製作更多回路。

圖2 平坦化技術的概要

分類	形成方法		特徵	問題點等
	方式（薄膜製成法）	順序概要		
為了不產生凹凸的薄膜成長	① 選擇成長（CVD）	回蝕	單純 單純	一旦深度不同平坦性就有差異
	② 回溫（濺鍍）	回蝕	可使用之前的設備	膜質及信賴性的評價
	③ 偏壓濺射		可使用之前的設備	膜質及損害
	④ 塗布		單純	
	⑤ 氧化物的埋入		良好的平坦性	
後製加工	⑥ 蝕刻	光阻劑	可與之前的技術結合	
	⑦ 雷射平坦化	雷射	比較起來較單純	控制性及再現性

用語解說

回蝕（Etchback）→ 將多安裝的部分進行蝕刻作用（以減少厚度表示回復之意）後再進行平坦化。

COLUMN

描繪一個偉大燦爛的遠景，作為終身追求的目標

「夢想」，是非常不可思議的事，若在心中悄悄的培育著，終有可能會實現的一天。

薄膜最大的特徵，如目前為止所提及的重點，包括

（1）從原子・分子單位的大小開始出發。比人類最小單位的細胞還要更小。

（2）因此可以製作出很小的元件。

（3）將這些元件聚集的話，能夠製作出超高密度的成品。

（4）它可以增添和削減薄膜。

（5）並根據製程方式，無論在什麼物品上都可以進行製作。

利用薄膜來描繪偉大燦爛的夢想，小心的培育它，努力追求前進吧。

到1950年代為止，「真空」並非是受到關注的領域。到了1960年代，雖然出現了認為真空會變成未來重要技術的研究員，但是多數人仍抱著「真的會是這樣嗎？」的心態。不過，筆者們相當肯定它的未來性。

在日語當中，當寫出「有信念的人」（原文：信じる者）時，則是代表「得利」（原文：儲かる）。可說是「信者得利」，賺取了人生也賺取了金錢。尋找可信賴的人，持續抱著信念，培育夢想實現，人生肯定會有收穫。

利用薄膜往前邁進 未來使用的可能性無窮無盡

跨越諸多苦惱難題，結束7年旅程的小型衛星探測機「HAYABUSA」，
也在許多地方上十分符合仰仗使用薄膜的電子零件來控制通訊。
利用薄膜持續追求更多偉大的夢想。

073 操縱原子，製作未來的回路

薄膜技術，給人一種不太考慮薄膜材料的原子，而是將原子啪的一聲送上基板後，接著就隨意地讓原子自由的凝聚成集團，也有時候很幸運能遇上十分契合的基板，在該穩定結合的地方進行結合作用……，的感覺。

若能夠將一個個原子在期望的位置上一下子裝上、一下子取下，然後又能一下子進行回路製作、一下子用3個原子製作電晶體……的話，應該就可以製作出高達3位數甚至4位數的高密度元件。雖然這麼說，但因為原子的大小僅有0.3nm左右，有能夠夾住原子的鑷子嗎？現實中最先進的鑷子，由於是原子的大集團所構成，就像是用挖土機（俗稱「怪手」）夾取1粒豆子。

這樣的研究，普遍使用STM裝置進行。將金屬頂端削尖的探針（Tip）朝樣板靠近到1～2nm左右為止（圖1）。這個距離，因探針頂端的電子雲（盤旋在原子核周圍的電子雲）和樣板原子的電子雲會互相重疊，所以只要施加微量的電壓，便會有電流產生。只要把電流固定（nA程度），也就是說，在探針和樣板間保持一定距離的狀態下，一旦移動探針，便可以知道原子的位置或排列（圖4）。假如在探針和樣板間施加稍微高一點的電壓，則會因為探針頂端的強電場而使原子從樣板處移動（圖2）。就那樣移動至特定的位置，施加相反電壓的話，原子也會轉移到那個地方。可以用這樣的方式操縱原子。圖3是幅寬約數個原子左右所書寫的文字作品。

圖4的（a）是矽（Si）表面的原子排列，白色發亮的點狀就是原子。當作位置的製造商制定○符號的地方，（b）的＋符號的位置有3個原子從外圍處移動過來（白色發亮的點狀）。在（c）步驟時，去除之前移動的3個原子，Si的表面便會復原（即a＝c）。這種1個原子程度的回路設備，是下一世代的其中一個夢想。

●1個1個地操縱原子以製作回路
●製作超超高密度的回路

圖1　STM原理圖

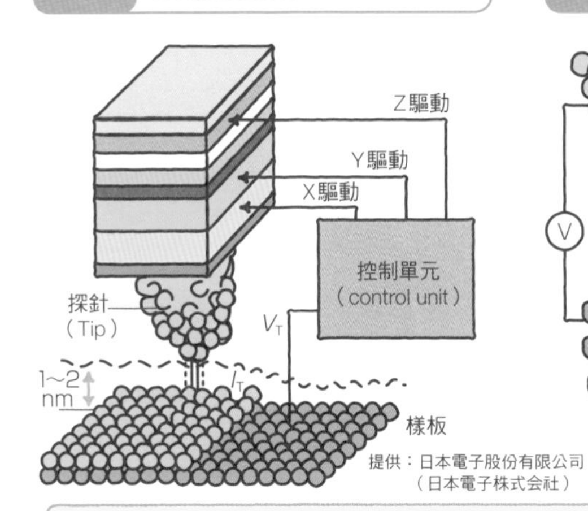

提供：日本電子股份有限公司
（日本電子株式会社）

圖2　高溫超微細加工的概念圖

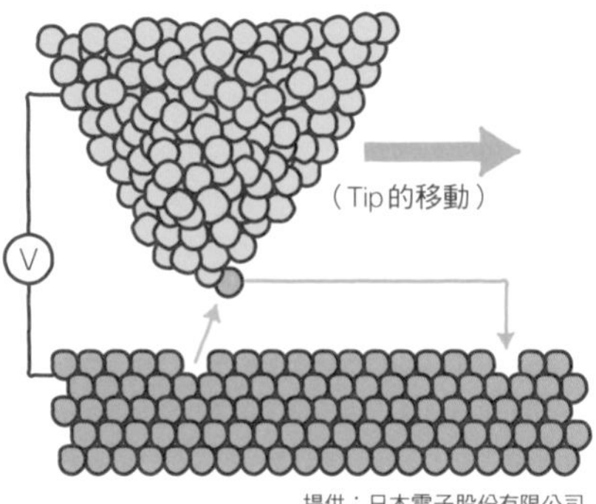

提供：日本電子股份有限公司
（日本電子株式会社）

固定探針和樣板間流動的電流再進行作用的話，便可以製作原子排列的相片。若稍為施加高一些的電壓，原子便會往探針的位置移動。若施加相反的電壓，原子就會遠離探針。

圖3　用STM書寫書原子幅寬的文字「奈米世界」

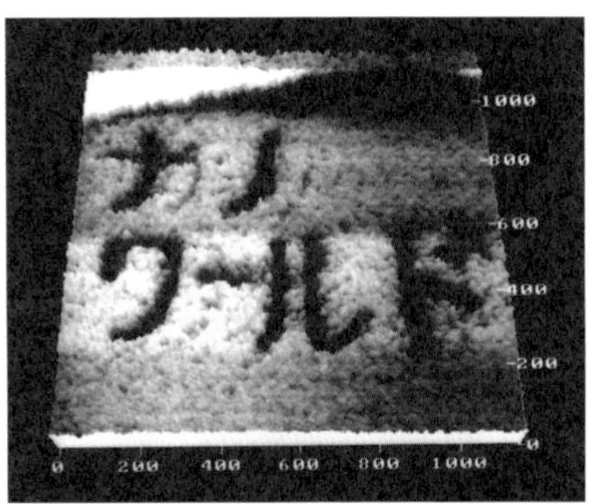

電流：0.3nA
電壓：＋2.0V（觀察時）
　　　－4.0V（加工時）
線幅寬：1.0～4.0nm（以原子的數量幾個左右）

用圖2的方式以原子數個左右的寬度書寫文字。

提供：日本電子股份有限公司
（日本電子株式会社）

圖4　操作原子的範例

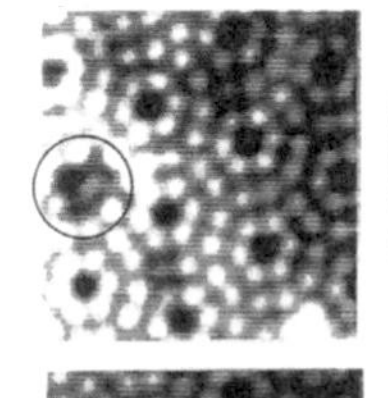

a　Si表面的原子排列（○符號表示位置的製造商）

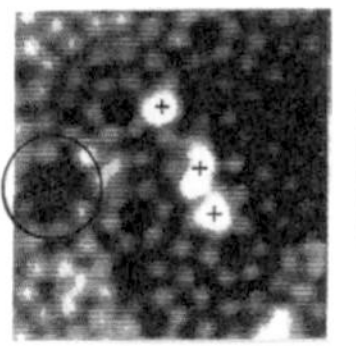

b　有3個原子從他處往＋符號的位置移動

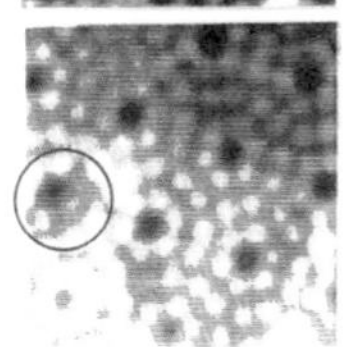

c　去除移動的3個原子，Si的表面會復原

誠如是原子的操縱

提供：獨立行政法人　物質・材料研究機構
奈米材料研究所所長　青野正和博士

用語解說

STM → Scanning Tunneling Microscope的簡稱。掃描穿隧式顯微鏡。

074 讓世界的通訊網路蓬勃發展的薄膜

現今已是可靠著大幅使用通訊技術以達到傳遞各種訊息的時代。利用手機、網際網路、收音機、電視機等，世界各角落發生的任何事，都可以用實況轉播的方式同步得知。在外地也可以查看到家中的狀況，甚至可以操作家裡的家電產品。

這些，包括相機・麥克風等的感應器、進行記憶及情報加工・編纂的系統、微波（micro wave）或光電纜・衛星等通訊網、以及接收訊息設備等，因為都是環繞在身邊的物品，因此可以這樣應用。支撐實踐這個理念，是倚靠利用薄膜技術製作出來為數龐大的零件・回路・積體電路等等。

電視或音響等AV機器、冷暖氣機、廚房或衛浴的天然瓦斯給水器等，若使用電腦或手機的遠端遙控設備，來操作各種家電產品上所附的遙控器或自動程式設定功能的話，即使還在外地也可以自由的操作・控制。現在正朝著這樣的方向研究發展進步中。

交通系統也更加進化，自小客車也漸能利用太陽能運作，兜風時，只要設定好目的地地點，按下發動的電源開關，系統就會自動選擇並引導到車流量少的道路，然後安全地讓駕駛及乘客抵達目的地……，相信這樣的一天應該已經不遠了。

曾經短暫行蹤不明令人擔心的小行星探測機「**Hayabusa號**」（原名「はやぶさ」），歷經7年時間飛躍60億km，抵達一個罌粟子般非常非常小的行星「Itokawa」，接著執行完工作後返回地球。因為這是機器人（設備）當中最優秀傑出的一個，因此人們對這個成果未來的應用，抱持相當大的期待。再者，關注璀璨目標的同時，若先把著眼點放在比較靠近現在的未來，比人類的五感更敏銳，可代為全部執行對人類來說需要付出相當辛勞的機器人，也已經在市面上流動，相信可以活躍於家庭或職場中。如此一來，人類可分配在藝術或體育的時間便能夠增加，將可成為以文化為主流的世代。只是，那時為了不要變成運動不足，還是應該要多多鍛鍊身體。這樣的近代未來社會也是由薄膜來持續支撐的。

- 薄膜，拓展、支撐著世界的通訊網路
- 薄膜，在開拓純淨安全的世界上持續提出貢獻

圖1　包圍生活的通訊網

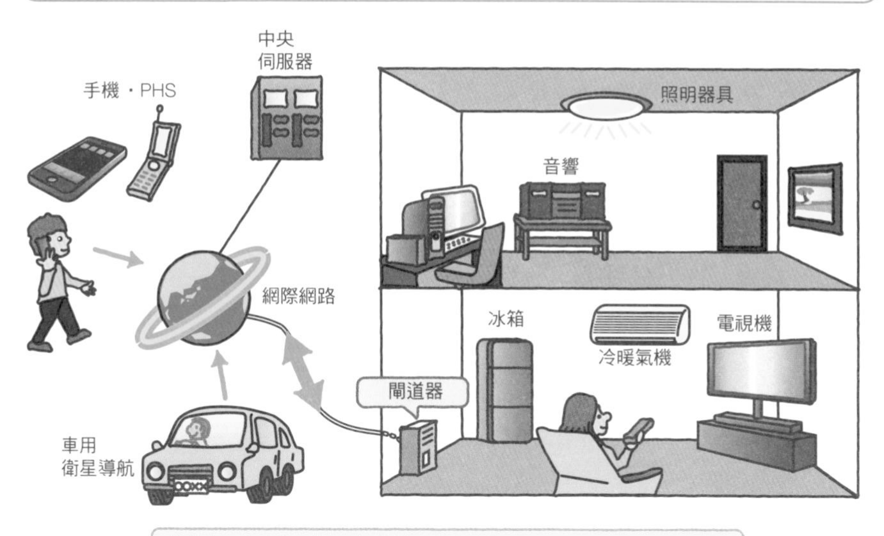

從外出地自由自在操縱家電產品的時代就在那裡。這也是薄膜的基本。

圖2　跨越諸多困難飛過60億km返抵地球的「Hayabusa號」

插圖：池下章裕

075 利用微電腦技術拯救人命

長度若縮減為10分之1的話，面積就會縮小為100分之1，體積則變成1000分之1。所謂μm(1000分之1㎜)、nm（1000分之1之後再1000分之1㎜）的超微細加工，即是薄膜技術的得意之處。這些被稱作**微電腦**（micro machine）的極微小型機械，相關研究非常盛行，除了有學會的專門部門之外，一年當中還會舉辦數次展覽會。

現在，實際使用的馬達當中，最小的是應用在手錶裡，是直徑1㎜，長2㎜左右的物品（圖1），需用手腕刻印時間。

圖2是用薄膜技術製作出的小型馬達，中間的白色旋轉軸心直徑50μm，整體大小約0.1㎟。推測應該也可以做出整體大小是以μm為單位的馬達吧。並非只有馬達。可傳輸力量的各種配件機構（齒輪、方向轉換器等）、感應器、流量計、計測器、幫浦、朝XYZ這3軸方向移動的細微階層（stage）等，多樣的零件極小化以及系統程度提升，正持續研究開發進步中。

這微電腦的技術一旦進步發展，很多過去無法進行的事情都將變為可能的。圖3即為其中一例。這是將多數手術用的機械做成超小型的樣式，把它們集中在小型的**微膠囊**（micro capsule）當中，把這個膠囊放入人類的血管或內臟裡，利用遠端控制引導至患部，進行手術後返回的想像圖。

圖4是膠囊型內視鏡，直徑11㎜，長26㎜，可自由地在消化管內來回移動，每秒拍攝2～5張相片，然後利用無線裝置把相片傳輸出來。長久來看，其目的是要能使它執行放出藥液、採取體液、超音波檢查等工作。以體積大小來說，現在還屬於是大型的，但憑著微電腦技術的發展，就像是吃膠囊藥丸那樣一口氣吞進肚裡般方便容易，也許哪一天，能幫忙進行診斷・手術的機器人就研發出來了。真希望能夠親眼見到那天的到來。

重點 Check!

- 將㎜單位的機械縮小成μm、nm的機械
- 微電腦可以拯救人類的性命

圖1　鑷子夾住的精細手錶用馬達

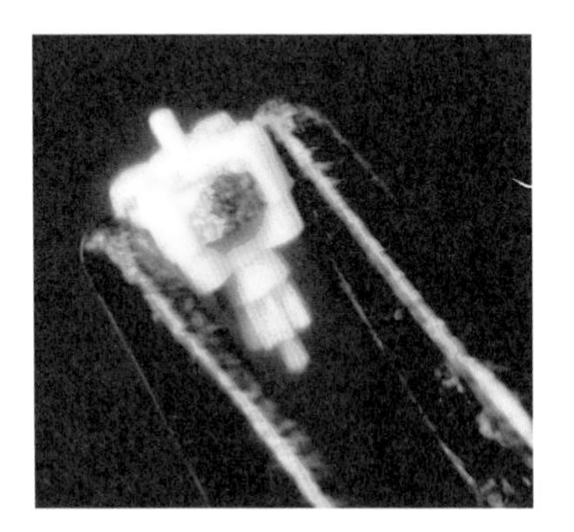

提供：卡西歐股份有限公司
（カシオ計算機株式会社）

圖2　微型馬達的試作範例

提供：日本電氣股份有限公司
（日本電気株式会社）

圖3　微電腦的蓬勃發展促進醫療微膠囊進步以拯救人命

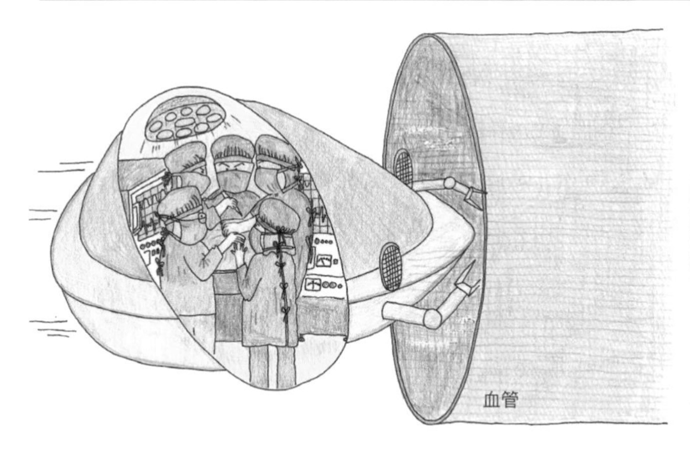

將多種機能製作成超小型，深入血管或內臟，進行檢查或手術的模擬圖。

插圖設計：Hasegawa Miyuki
（長谷川みゆき）

圖4　膠囊內視鏡

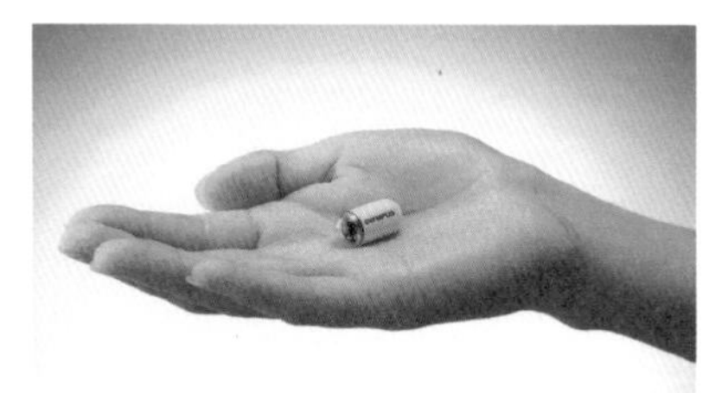

將圖3的一部分實際製作成拍攝使用的膠囊內視鏡（直徑11mm，長26mm）。

提供：Olympus Corporation
（オリンパスメディカルシステムズ株式会社）

076 計算生物學（Biocomputing）

現在，超級電腦（supercomputer）在創造事業的發展上完成了很大的任務。簡直可說是個令人感激的工具。在儲存記憶和計算的領域上，遠遠超過人類所知。不過，尚有創造能力和心的部份仍舊不足。

關於這個領域，未來會朝什麼樣的方向發展，雖然完全無法預料，但現階段利用培養老鼠或兔子的小腦等神經細胞，進行製作神經回路機能的研究，這也是倚靠活用薄膜技術。

圖1，是在石英板上用蝕刻法製作150μm^2的凹部（凹孔），及連結凹孔深度達10μm的溝槽，在凹孔中放置實驗用老鼠的大腦神經細胞且培養7天後的結果。神經纖維沿著溝槽延伸，可知神經細胞間會透過神經結（synapse）進行彼此間的接續。另外，在沒有溝槽的平板上放置細胞的話，神經纖維會朝四面八方等量的延伸出去。若用螢光顯微鏡觀察細胞內鈣離子濃度的話，細胞①～④位置的光亮處，約10秒左右為一週期，且幾乎會在相同的時間點上產生變化。這是細胞存活的證據（圖2）。這個光亮的變化，也可以當作是電氣信號。為了使凹孔中只有頂端露出，因此利用氧化鋁（alumina）或聚醯亞胺（polyimide，有機物）的薄膜設計包覆住的電極（圖3）。若測量其產生的電氣信號，可觀測到大小40μV週期約10秒的脈衝反應。可得知這個脈衝反應每10秒會延遲約1000分之1秒，且會出現傳達和相互聯合的現象。相反的，若從電極1放出1μA的脈衝電流的話，其他電極也會和它有同時間點的脈衝反應（圖4）[（參46）]。

把凹孔製作成合適的形狀，將iPS細胞（induced Pluripotent Stem Cells，人工多功能幹細胞）從神經細胞中分化出來，放置在最合適的位置培養的話，將會變成什麼樣呢？這真是個令人振奮且備受期待的研究領域。

●薄膜技術對創造能力和實現理念相當有助益
●夢想的實現是薄膜技術的終極目標

圖1 培養了實驗用老鼠大腦神經細胞的單純神經回路

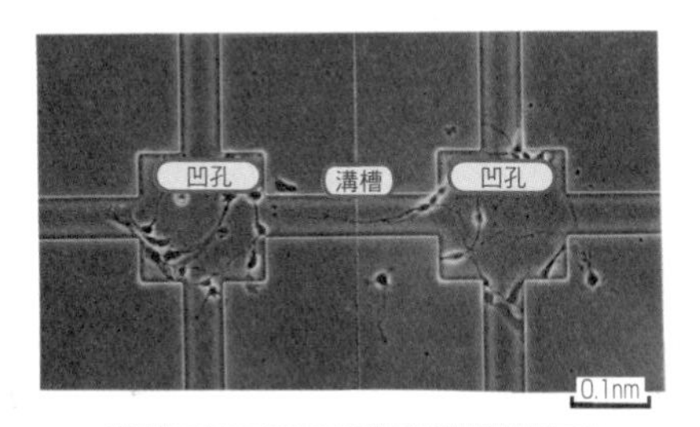

形成凹孔以及和凹孔相連結的溝槽，在凹孔中放置並培養實驗用老鼠的大腦神經細胞。經過培養7天之後，產生了單純的神經回路。

圖2 單純的神經回路及鈣離子的變化

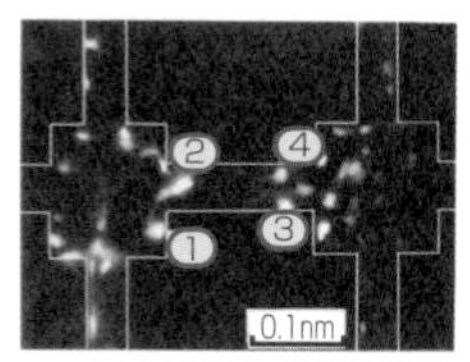

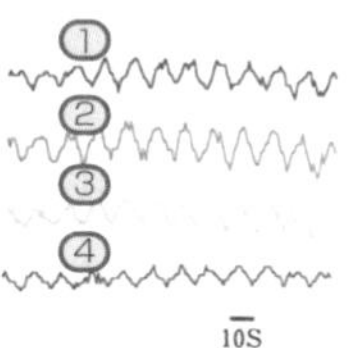

透過光學方法，測量形成單純神經回路細胞的細胞內鈣離子濃度。細胞①～④的細胞鈣離子濃度，如右方所顯示的結果，約10秒左右為一週期，幾乎會在相同的時間點上產生振動。這代表著細胞間會透過神經結（synapse）進行彼此間的情報傳輸。

圖3 實驗用老鼠的大腦皮質神經元及電極的顯微鏡特寫相片

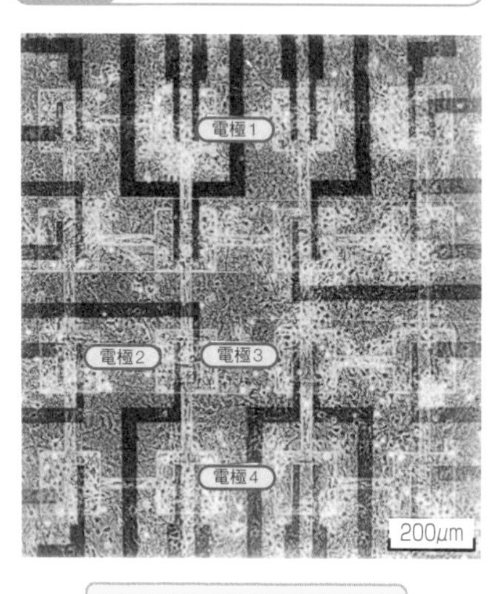

在相片中可看見的黑點是神經細胞。大多數的電極上會有10個左右的神經細胞依附在上。

圖4 從微小電極陣列記錄的電氣信號

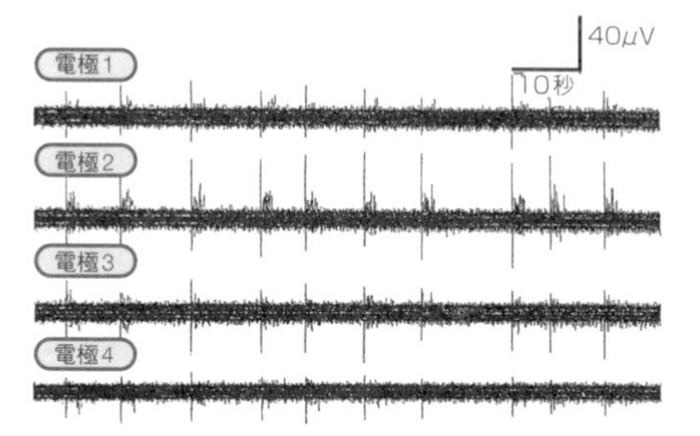

在圖3表示，記錄由培養神經細胞的基板的8處電極爆裂狀的電氣信號，將其中的電極1～4的記錄圖示如上。從各電極的電氣信號可知，約10秒左右為一週期，且彼此間產生週期的時間點相近，有細胞存活在當中。

參考文獻

編號與內文參數所附的號碼相對應。

1 本田大介ら：J.Jpn.Soc.Colour.,**82** [7] , (2009) 284

2 カラーフィルム：トーレン出版部（1985）
（この本は絶版ゆえ図書館で探してください）

3 T.Tani：J.Image.Sci.＆Tech.51（2）, (2007) 110

4 東 陽一：デジカメ解体新書,CQ出版（2003）

5 都甲・宮城：センサがわかる本,オーム社（2002）
藍 監修：次世代センサハンドブック,培風館（2008）

6 木下是雄・馬来国弼・竹内協子：固体物理,**4**（1969）144

7 T.Kato：Japan.J.Appl.Phys,**7**（1968）1162
P.G.Grould：BritishJ.Appl.Phys,**16**（1965）1481

8 Shozo Ino,Denjiro Watanabe＆Shiro Ogawa：J.phys.Soc.Japan,**19**（1964）881
Y.Fujiki：J.Phyo.Soc.Japan,**14**（1959）1308

9 馬来国弼・木下是雄：応用物理,**35**（1966）283
生地文也・永田三郎：応用物理,**42**（1973）115

10 K.L.Chopra,L.C.Bobb＆M.H.Francombe：J.Appl.Phys,**34**（1963）1699

11 F.Huber：Microelectronics＆Reliability,**4**（1965）283

12 K.Ishibashi,K.Hirata & N.Hosokawa：J.Vac.Sci.Technol,**A10**（1992）1718
K.Kuwahara,S.Nakahara & T.Nakagawa：Trans.JIM Supplement,**9**（1968）1034

13 佐藤淳一・米本隆治・根本浩之・御田護：真空に関する連合講演会予稿集,30Ba-3（1992）

14 青島正一・細川直吉・山本進一郎：真空に関する連合講演会予稿集、26p-16（1970）

15 宮川行雄・西村允・野坂正隆：金属材料,**13**（1973）58

16 上田隆三・引田正俊・山本靖彦；応用物理,**32**（1963）586

17 W.L.Patterson & G.A.Shirn：J.Vac.Sci.Technol,**4**（1967）343

19 D.M.Matox：Electrochem.Tech.**2**（1964）295

20 村山洋一・松本政之・粕木邦宏：応用物理,**43**（1974）687

21 T.Takagi,I.Yamada & A.Sasaki：J.Vac.Sci.Technol.,12（1975）1128

22 難波義捷,毛利敏男,永井慶次：真空,**18**（1975）344

23 T.Venkatesan,X.D.Wu,A.Inam & J.B.Wachtmars：Appl.Phys.Lett.,**52**（1988）1193

24 勝部能之・勝部倭子：真空、**9**（1966）443

25 R.V.Stuart & G.K.Wehner：J.Appl.Phys.,**33**（1962）2345

26 F.Keywell：Phys.Rev **97**（1955）1611
O.C.Yonts et al：J.Appl.Phys.,**31**（1960）442

27　N.Laegreid & G.K.Wehner：J.Appl.Phys.,**32** (1961) 365
志水ら：応用物理：**54** (1985) 876.**50** (1981) 470
28　G.K.Wehner & D.Rosenberg：J.Appl.Phys.,**31** (1960) 177
29　R.V.Stuart & G.K.Wehner：9th Nat'l.Symp.on Vac.Tech.Trans., (1962) 160
30　N.Hosokawa & H.Kitagawa：Proc.16th Symp.Semi.and IC Tech., (1975.9) 12
31　N.Schwartz：Trans.9th Nat'l.Vac.Symp., (1963) 325
32　D.A.Mclean,N.Schwartz &.E.D,Tidd：Proc.IEEE,52 (1960) 1450
33　K.Ishibashi,K.Hirata & N.Hosokawa：J,Vac.Sci.Technol.,**A10** (1992) 1718
34　S.Ishibashi,Y.Higuchi,Y.Ota & K.Nakamura：J.Vac.Sci.Technol.,**A8** (1990) 1403
35　T.Kiyota,J.Hiroishi,Y.Kadokura & H.Sugiyama：
Semicon/Korea Tech.Symp.,Nov.9-10 (1993) p225
36　T.Asamaki,R.Mori & A.Takagi：Jpn.J.Appl.Phys.,**33** (1994) 2500
麻蒔立男ら：Electrochemistry,**69** (2001) 769
T.Asamaki et al：J.Vac.Sci.Technol.,**A10** (1992) 3430
麻蒔・西川・三浦：真空,**38** (1995) 708
37　T.Asamaki et al：真空,**35** (1992) 70.J.Vac.Sci.Tech.**A10 (6)** ,Nov./Dec. (1992) 3430.Japan.J.Appl.Phys,**32** (1993) 54.
38　増田淳・松村英樹：第27回アモルハス物質の物性と応用セミナー予稿
39　A.Kobayashi et al：J.Vac.Sci.Technol.,**B13** (1999) 2115
40　釜崎清治・田辺良美：金属表面技術,**25** (1974) 746
41　逢坂哲彌・高野奈央：応用物理,**68** (1999) 1237
42　N.Hosokawa,F.Matsuzaki & T.Asamaki：
Proc.6th Intern.Vac.Cong.,Jap.J.Appl.Phys.,**13** (1974) Suppl.2,Pt.1,P.435
西村俊英・塚田勉・三戸英夫：真空,**25** (1982) 624
43　K.Nojiri,E.Iguchi,K.Kawamura,K.Kadota：
44　Extended Abstracts of 21st Conf.on Solid State Devices and Materials, (1989) 153
45　S.Namba：Proc.Interna'l.Ion Eng.Cong.**3** (1983) 1533
46　川奈明夫：応用物理,**61** (1992) 1031

參考文獻

以薄膜為中心的參考書籍

『はじめての薄膜作製技術』 草野英二　著（工業調査会、2006年）

『薄膜作成の基礎（第4版）』 麻蒔立男　著（日刊工業新聞社、2005年）

『はじめての半導体ナノプロセス』 前田和夫　著（工業調査会、2004年）

『図解　薄膜技術』 日本表面科学会 編（培風館、1999年）

超微細加工相關的參考書籍

『トコトンやさしい超微細加工の本』 麻蒔立男 著（日刊工業新聞社、2004年）

『超微細加工の基礎（第2版）』 麻蒔立男 著（日刊工業新聞社、2001年）

『次世代ULSIプロセス技術』 廣瀬全孝ほか 編著（リアライズ理工センター、2000年）

『超微細加工技術』 徳山 巍 著（オーム社、1997年）

『Gビット時代へのリソグラフィ技術』 （リアライズ理工センター、1995年）

以真空為中心的參考書籍

『わかりやすい真空技術（第3版）』 真空技術基礎講習会運営委員会 編（日刊工業新聞社、2010年）

『半導体のための真空技術入門』 宇津木勝 著（工業調査会、2007年）

『トコトンやさしい真空の本』 麻蒔立男（日刊工業新聞社、2002年）

『初歩から学ぶ真空技術』 日本真空工業会（工業調査会、1999年）

『真空のはなし（第2版）』 麻蒔立男 著（日刊工業新聞社、1991年）

十二畫

十三畫

十四畫

十五畫

十六畫

十七畫

十八畫

十九畫以上

「發明」的夢想要打鐵趁熱！

在誕生於 20 世紀的廣域網路和電腦科學的影響下，科學技術有著令人吃驚的發展，使我們迎接了高度資訊化的社會。如今科學已然成為我們生活中不可或缺的事物，其影響力之強，甚至可說一旦沒有了科學，這個社會也將無法成立。

本系列是將工程學領域中嶄新的發明或應用製品，從基本的理學原理、結構開始揭開其神秘面紗，並藉由全彩插圖或照片來圖解特徵，進行淺顯易懂的解說。本系列特別嚴選在了解各書主題的專門領域時必須優先得知的重點項目，讓每一頁翻開都是充實的學識。不論你是高中生、專科生、大學生，或是一般上班族都能夠輕易理解。如此一來，就能讓「發明」的夢想站在實現的起跑線上吧！

就算要創造出變革社會的偉大產品，也得要先打好基礎才行。而不論何時都能讓人回顧基礎的本書系，相信一定能夠對您有所幫助的。

TITLE

薄膜

STAFF

出版　瑞昇文化事業股份有限公司
作者　麻蒔立男
封面插畫　野辺ハヤト
譯者　張華英

總編輯　郭湘齡
責任編輯　王瓊苹
文字編輯　林修敏　黃雅琳
美術編輯　李宜靜
排版　執筆者設計工作室
製版　昇昇興業股份有限公司
印刷　桂林彩色印刷股份有限公司
法律顧問　經兆國際法律事務所　黃沛聲律師

戶名　瑞昇文化事業股份有限公司
劃撥帳號　19598343
地址　新北市中和區景平路464巷2弄1-4號
電話　(02)2945-3191
傳真　(02)2945-3190
網址　www.rising-books.com.tw
Mail　resing@ms34.hinet.net

初版日期　2012年03月
定價　300元

國家圖書館出版品預行編目資料

薄膜／麻蒔立男作；張華英譯.
-- 初版. -- 新北市：瑞昇文化，2012.02
192面 ；14.8x21公分

ISBN 978-986-6185-89-2 (平裝)

1. 薄膜工程

472.16　101002237